· 跟佛山小老鼠学系列 ·

跟着视频学
Excel 数据处理

函数篇　曹明武（佛山小老鼠） 著

电子工业出版社
Publishing House of Electronics Industry
北京·BEIJING

内 容 简 介

本书共分 5 章：第 1 章介绍函数基础知识，包括函数基础和函数输入小技巧。第 2 章介绍基础函数，包括文本函数、查找引用函数、逻辑函数、日期和时间函数、其他函数及初级函数综合案例。第 3 章介绍中级函数，包括数组、数组综合案例及中级函数综合案例。第 4 章介绍高级函数，包括矩阵乘积函数、频率函数、降维函数、加权函数及高级函数综合案例。第 5 章介绍 40 个 Excel 常用技巧。

本书内容循序渐进，每个函数都有详细的解释及案例说明。全书共有 248 个案例，每个案例均来自实际工作场景，同时书中也给出了同类问题的其他解决方案。

本书非常适合从事财务、统计、仓库管理、数据分析、电子商务等职业的读者，以及需要对数据进行整理、汇总、分析等处理的读者。

未经许可，不得以任何方式复制或抄袭本书之部分或全部内容。
版权所有，侵权必究。

图书在版编目（CIP）数据

跟着视频学 Excel 数据处理. 函数篇/曹明武著. —北京：电子工业出版社，2021.1
ISBN 978-7-121-39914-5

Ⅰ.①跟… Ⅱ.①曹… Ⅲ.①表处理软件 Ⅳ.①TP391.13

中国版本图书馆 CIP 数据核字（2020）第 217763 号

责任编辑：王　静
印　　刷：天津嘉恒印务有限公司
装　　订：天津嘉恒印务有限公司
出版发行：电子工业出版社
　　　　　北京市海淀区万寿路 173 信箱　邮编：100036
开　　本：720×1000　1/16　印张：14.75　字数：303 千字
版　　次：2021 年 1 月第 1 版
印　　次：2021 年 1 月第 1 次印刷
定　　价：59.90 元

凡所购买电子工业出版社图书有缺损问题，请向购买书店调换。若书店售缺，请与本社发行部联系，联系及邮购电话：(010) 88254888，88258888。
质量投诉请发邮件至 zlts@phei.com.cn，盗版侵权举报请发邮件至 dbqq@phei.com.cn。
本书咨询联系方式：010-51260888-819，faq@phei.com.cn。

前　言

学习要有兴趣和恒心

笔者（网名：佛山小老鼠）是非计算机专业出身，之前对 Excel 一无所知。2009 年，因为要帮客户做一个 Excel 表格，无意之间笔者搜索到 ExcelHome 论坛，于是，在 2009—2012 年，笔者在 ExcelHome 论坛上不断学习 Excel 方面的知识，并且经常学习到深更半夜都不觉得累。在这 4 年的学习过程中，笔者深深体会到"兴趣就是学习的动力"。

当然，在学习的过程中笔者也曾遇到过困难，在学习函数时，很多函数的参数都是英文的，笔者根本不理解它们的意思。还好那时有网络的帮助，对于不懂的英文，笔者就到网上搜索，就这样一天学习一两个函数，坚持了几个月，笔者累计学习了 100 多个函数。2010 年，笔者在 ExcelHome 论坛上发布了《120 个常用函数》文档，得到 1 个技术分，这使笔者非常激动，因为在 ExcelHome 论坛上得到 1 个技术分非常难。

之后《120 个常用函数》文档在 ExcelHome 论坛上得到广大会员的认可，到目前为止浏览量达到 80 多万人次，下载量达到 30 多万次。

对于学习 Excel，笔者的经验就是：只要有兴趣和恒心，谁都可以学好 Excel，不管你是小学毕业还是大学毕业。笔者是非计算机专业出身，都能学好 Excel，所以相信你也一定行！

本书特色

- **图书+视频+作者答疑**

为了克服图书的局限性,本书配有 260 个学习视频(视频获取方式请见本书封底),读者可以图书+视频的方式来学习:通过图书,掌握每个函数的用法及参数;通过视频,可以直观地学习具体操作。

另外,本书提供了贴心的读者售后服务,读者在学习的过程中,如果有任何疑问,都可以通过读者交流 QQ 群(QQ 群号码:721803125)与作者及网友交流。

- **循序渐进的内容**

本书共分 5 章:第 1 章介绍函数基础知识,包括函数基础和函数输入小技巧。第 2 章介绍基础函数,包括文本函数、查找引用函数、逻辑函数、日期和时间函数、其他函数及初级函数综合案例。第 3 章介绍中级函数,包括数组、数组综合案例及中级函数综合案例。第 4 章介绍高级函数,包括矩阵乘积函数、频率函数、降维函数、加权函数及高级函数综合案例。第 5 章介绍 40 个 Excel 常用技巧。

- **丰富的案例**

本书内容循序渐进,每个函数都有详细的解释及案例说明。全书共有 248 个案例,每个案例均来自实际工作场景,同时书中也给出了同类问题的其他解决方案。

本书非常适合从事财务、统计、仓库管理、数据分析、电子商务等职业的读者,以及需要对数据进行整理、汇总、分析等处理的读者。

作 者

目 录

第 1 章 函数基础知识：Excel 数据处理利器 ·· 1
　1.1 函数基础 ··· 1
　1.2 函数输入小技巧 ·· 2
第 2 章 基础函数：打好基础，轻松实现数据处理 ····································· 5
　2.1 文本函数 ··· 5
　　2.1.1 RIGHT：从右侧提取字符函数 ··· 5
　　　案例 01 使用 RIGHT 函数提取单元格中的字符 ························· 5
　　2.1.2 LEFT：从左侧提取字符函数 ·· 6
　　　案例 02 使用 LEFT 函数提取单元格中的字符 ··························· 6
　　2.1.3 MID：从中间提取字符函数 ··· 7
　　　案例 03 使用 MID 函数提取单元格中的字符 ···························· 7
　　2.1.4 LEN：计算文本长度函数 ·· 7
　　　案例 04 使用 LEN 函数统计单元格中有多少个字符ￚￚￚￚￚￚￚￚ 7

2.1.5　LENB：文本长度计算函数（区分单/双字节） ········· 8
　　案例 05　使用 LENB 函数统计单元格中共有几个字符 ········· 8
　　案例 06　使用 LENB 函数提取单元格中左边的汉字 ········· 9
　　案例 07　使用 LENB 函数提取单元格中右边的数字 ········· 9
2.1.6　MIDB：从指定位置提取字符函数（区分单/双字节） ········· 10
　　案例 08　使用 MIDB 函数从单元格中提取指定的字符 ········· 10
2.1.7　SEARCH：不区分大/小写、支持通配符的查找函数 ········· 10
　　案例 09　使用 SEARCH 函数查找指定字符的位置 ········· 11
2.1.8　SEARCHB：查找指定字符位置函数（区分单/双字节） ········· 11
　　案例 10　使用 SEARCHB 函数提取汉字中间的数字 ········· 11
2.1.9　FIND：区分大/小写、不支持通配符的查找函数 ········· 12
　　案例 11　使用 FIND 函数从字符串中查找某个字符串所在的位置 ········· 12
2.1.10　ASC：将全角双字节字符转换为半角单字节字符函数 ········· 13
　　案例 12　使用 ASC 函数把逗号转换为单字节字符 ········· 13
2.1.11　WIDECHAR：把单字节字符转换为双字节字符函数 ········· 13
　　案例 13　使用 WIDECHAR 函数把单字节字符转换成双字节字符 ········· 14
2.1.12　CHAR：将数字转换为字符函数 ········· 14
　　案例 14　使用 CHAR 函数自动填充 26 个大写字母 ········· 14
2.1.13　CODE：将字符转换为数字函数 ········· 15
　　案例 15　使用 CODE 函数求字母 A 的 ASCII 码 ········· 15
2.1.14　UPPER：将小写字母转换为大写字母函数 ········· 15
　　案例 16　使用 UPPER 函数把字母由小写转换为大写 ········· 15
2.1.15　REPLACE：查找和替换函数 ········· 16
　　案例 17　使用 REPLACE 函数把银行卡号每隔 4 位加一个空格 ········· 16
2.1.16　TEXT：格式转换函数 ········· 17
　　案例 18　使用 TEXT 函数将 0 值屏蔽且保留 1 位小数 ········· 17
　　案例 19　使用 TEXT 函数计算 2008-8-8 是星期几 ········· 17
　　案例 20　使用 TEXT 函数根据分数判断成绩等级 ········· 18
　　案例 21　使用 TEXT 函数将大于 100 的数值显示为 100，
　　　　　　将小于或等于 100 的数值显示为其本身 ········· 19
2.1.17　T：检测给定值是否为文本函数 ········· 19
　　案例 22　使用 T 函数实现只保留文本 ········· 20
2.1.18　TRIM：清除空格字符专用函数 ········· 20
　　案例 23　使用 TRIM 函数清除单元格两端的空格 ········· 20

目 录

- 2.1.19 SUBSTITUTE：按值替换函数 ·· 21
  - 案例 24 使用 SUBSTITUTE 函数统计单元格中有多少个"c" ········21
- 2.2 查找引用函数 ··· 21
  - 2.2.1 LOOKUP：查找函数 ·· 21
    - 案例 25 使用 LOOKUP 函数查找 A 列中的最后一个数值 ············22
    - 案例 26 使用 LOOKUP 函数查找 A 列中的最后一个文本 ············22
    - 案例 27 使用 LOOKUP 函数查找 A 列中的最后一个值 ················23
    - 案例 28 使用 LOOKUP 函数根据分数判断成绩等级 ···················24
  - 2.2.2 MATCH：查找地址函数 ··· 24
    - 案例 29 使用 MATCH 函数查找某一个值的位置 ·······················25
    - 案例 30 使用 MATCH 函数根据日期返回对应的季度 ·················25
    - 案例 31 使用 MATCH 函数根据数值返回对应的位置 ·················26
    - 案例 32 使用 MATCH 函数查找最后一个销售数量出现的位置 ·······26
  - 2.2.3 VLOOKUP：垂直查找函数 ·· 27
    - 案例 33 使用 VLOOKUP 函数根据姓名查找对应的销量 ·············27
    - 案例 34 使用 VLOOKUP 函数根据学生分数判断成绩等级 ··········28
    - 案例 35 使用 VLOOKUP 函数查找和数据源列中的
      字段顺序不一样的信息 ···28
  - 2.2.4 HLOOKUP：水平查找函数 ·· 29
    - 案例 36 使用 HLOOKUP 函数根据月份查找销量 ······················29
  - 2.2.5 INDEX：引用函数① ·· 30
    - 案例 37 使用 INDEX 函数引用单元格区域中的数值 ··················30
    - 案例 38 使用 INDEX 函数实现反向查找 ·································31
    - 案例 39 使用 INDEX 函数动态查询每门科目的总分数 ···············31
  - 2.2.6 OFFSET：引用函数② ·· 32
    - 案例 40 使用 OFFSET 函数向下引用某个单元格中的内容 ··········32
    - 案例 41 使用 OFFSET 函数向上引用某个单元格中的内容 ··········33
    - 案例 42 使用 SUM 函数动态求每列的数量之和 ·······················33
  - 2.2.7 INDIRECT：引用函数③ ··· 34
    - 案例 43 使用 INDIRECT 函数引用单元格中的值 ······················34
    - 案例 44 使用 INDIRECT 函数根据工号查找姓名 ······················35
  - 2.2.8 CHOOSE：引用函数④ ··· 35
    - 案例 45 使用 CHOOSE 函数引用单元格中的值 ························36
    - 案例 46 更改列数据的位置 ···36

案例 47　使用 VLOOKUP 函数轻松实现反向查找 ·················· 36
2.2.9　ROW：返回行号函数 ·················· 37
　　案例 48　使用 ROW 函数输入 26 个英文字母 ·················· 37
　　案例 49　使用 SUM 和 ROW 函数求从 1 加到 100 的结果 ·················· 38
2.2.10　COLUMN：返回列函数 ·················· 38
　　案例 50　使用 COLUMN 函数计算数值 ·················· 39
2.2.11　ADDRESS：单元格地址函数 ·················· 39
　　案例 51　使用 ADDRESS 函数根据列号返回对应的字母 ·················· 39
2.2.12　TRANSPOSE：转置函数 ·················· 40
　　案例 52　使用 TRANSPOSE 函数把单元格区域中的内容横向显示 ··· 40
2.2.13　HYPERLINK：超链接函数 ·················· 41
　　案例 53　使用 HYPERLINK 函数为单元格中的值设置超链接 ·················· 41
　　案例 54　使用 HYPERLINK 函数实现单元格之间的跳转 ·················· 41

2.3　逻辑函数 ·················· 42
　2.3.1　IF：条件判断函数 ·················· 42
　　案例 55　使用 IF 函数判断学生成绩：小于 60 分为不及格，
　　　　　　否则为及格 ·················· 42
　　案例 56　使用 IF 函数判断成绩 ·················· 43
　2.3.2　TRUE：逻辑真函数 ·················· 43
　　案例 57　求 TRUE+TRUE 等于几 ·················· 43
　2.3.3　FALSE：逻辑假函数 ·················· 44
　　案例 58　求 TRUE+FALSE 等于几 ·················· 44
　　案例 59　使用 IF 函数把 0 值屏蔽 ·················· 44
　2.3.4　AND：检查所有参数是否为 TRUE 函数 ·················· 45
　　案例 60　使用 AND 函数判断学生成绩：如果三科成绩都大于或
　　　　　　等于 60 分就返回"通过" ·················· 45
　2.3.5　OR：检查所有参数是否为 FALSE 函数 ·················· 45
　　案例 61　使用 OR 函数判断学生成绩 ·················· 46
　2.3.6　NOT：相反函数 ·················· 46
　　案例 62　使用 NOT 函数判断参数的逻辑值 ·················· 46
　2.3.7　IFERROR：屏蔽错误值函数 ·················· 47
　　案例 63　使用 IFERROR 函数屏蔽公式中的错误值 ·················· 47

2.4　日期和时间函数 ·················· 47
　2.4.1　YEAR：年函数 ·················· 47

目 录

　　　　　案例64　使用YEAR函数提取日期中的年份 48
　　2.4.2　MONTH：月函数 48
　　　　　案例65　使用MONTH函数提取日期中的月份 48
　　2.4.3　DAY：日函数 49
　　　　　案例66　使用DAY函数提取日期中的日 49
　　2.4.4　DATE：日期函数 49
　　　　　案例67　使用DATE函数根据年、月、日返回"年-月-日"
　　　　　　　　　格式的日期 49
　　2.4.5　EOMONTH：月末函数 50
　　　　　案例68　使用EOMONTH函数统计每个月有多少天 50
　　2.4.6　HOUR：时函数 51
　　　　　案例69　使用HOUR函数提取时间中的小时数 51
　　2.4.7　MINUTE：分函数 51
　　　　　案例70　使用MINUTE函数提取时间中的分钟数 51
　　2.4.8　SECOND：秒函数 52
　　　　　案例71　使用SECOND函数提取时间中的秒数 52
　　2.4.9　NOW：系统时间函数 52
　　　　　案例72　使用NOW函数返回当前日期和时间 52
　　2.4.10　TODAY：系统日期函数 53
　　　　　案例73　使用TODAY函数返回当前日期 53
　　2.4.11　WEEKDAY：计算星期几函数 53
　　　　　案例74　使用WEEKDAY函数高亮显示星期六和星期日 54
　　2.4.12　DATEDIF：日期处理函数 55
　　　　　案例75　使用DATEDIF函数根据出生日期计算年龄 56
2.5　其他函数 56
　　2.5.1　AVERAGE：求平均值函数 56
　　　　　案例76　使用AVERAGE函数求单元格区域的平均值 57
　　2.5.2　AVERAGEIF：单条件求平均值函数 57
　　　　　案例77　使用AVERAGEIF函数求单元格区域中大于或
　　　　　　　　　等于某个值的值的平均值 57
　　2.5.3　AVERAGEIFS：多条件求平均值函数 58
　　　　　案例78　使用AVERAGEIFS函数求大于300且小于800的
　　　　　　　　　值的平均值 58
　　2.5.4　COUNT：计算数字个数函数 59

　　　　　案例79　使用COUNT函数统计单元格区域中的
　　　　　　　　　数据有多少个为数值型···59
　2.5.5　COUNTA：非空计数函数···59
　　　　　案例80　统计单元格区域中非空单元格的个数·················60
　2.5.6　COUNTIF：单条件计数函数···60
　　　　　案例81　使用COUNTIF函数统计字符·····························60
　2.5.7　COUNTIFS：多条件计数函数···61
　　　　　案例82　使用COUNTIFS函数统计业务员是"曹丽"且
　　　　　　　　　销量大于500的记录个数······································61
　2.5.8　SUM：求和函数··62
　　　　　案例83　使用SUM函数求多个工作表中的值的和，但不包括
　　　　　　　　　当前的工作表··62
　2.5.9　SUMPRODUCT：计算乘积之和函数·······························62
　　　　　案例84　使用SUMPRODUCT函数求产品名称是A且型号是
　　　　　　　　　大号的产品数量···63
　2.5.10　PRODUCT：计算所有参数的乘积函数··························63
　　　　　案例85　使用PRODUCT函数计算体积·····························63
　2.5.11　SUMIF：单条件求和函数··64
　　　　　案例86　使用SUMIF函数汇总数据···································64
　2.5.12　SUMIFS：多条件求和函数··64
　　　　　案例87　使用SUMIFS函数多条件求产品数量···················65
　2.5.13　MIN：最小值函数··65
　　　　　案例88　使用MIN函数判断单元格中的数值······················65
　2.5.14　MAX：最大值函数···66
　　　　　案例89　使用MAX函数判断单元格中的数值·····················66
　2.5.15　SMALL：返回第几个最小值函数···································67
　　　　　案例90　使用SMALL函数升序排序单元格区域中的数值···67
　2.5.16　LARGE：返回第几个最大值函数···································67
　　　　　案例91　使用LARGE函数降序排序单元格区域中的数值···67
　2.5.17　SUBTOTAL：分类汇总函数···68
　　　　　案例92　使用SUBTOTAL函数给隐藏的行自动编号··········68
　2.5.18　ROUND：四舍五入函数··69
　　　　　案例93　使用ROUND函数将单元格区域中的数值保留两位小数···69
　2.5.19　ROUNDDOWN：向下舍入函数·····································69

案例 94　使用 ROUNDDOWN 函数保留一位小数，

　　　　不进行四舍五入，全部舍弃 ·················· 69

2.5.20　ROUNDUP：向上舍入函数 ·················· 70

案例 95　使用 ROUNDUP 函数保留一位小数，不进行

　　　　四舍五入，全部进入 ·················· 70

2.5.21　CEILING：按倍数向上进位函数 ·················· 70

案例 96　使用 CEILING 函数进行数值舍入：十分位不足 5

　　　　就按 5 算，大于或等于 5 就向上进 1 ·················· 71

2.5.22　FLOOR：按倍数向下舍入函数 ·················· 71

案例 97　使用 FLOOR 函数进行数值舍入：十分位不足 5 就，

　　　　向下舍去大于或等于 5 就按 5 算 ·················· 71

2.5.23　INT：取整函数 ·················· 72

案例 98　使用 INT 函数把日期提取出来 ·················· 72

2.5.24　MOD：取余函数 ·················· 73

案例 99　使用 MOD 函数求余数 ·················· 73

2.5.25　REPT：重复函数 ·················· 73

案例 100　使用 REPT 函数制作符号编号 ·················· 73

2.5.26　N：将非数值型数值转换为数值型数值函数 ·················· 74

案例 101　使用 N 函数将数值进行转换 ·················· 74

2.5.27　ABS：取绝对值函数 ·················· 75

案例 102　使用 ABS 函数求绝对值 ·················· 75

2.5.28　CELL：获取单元格信息函数 ·················· 75

案例 103　使用 CELL 函数获取工作簿路径及工作表信息 ·················· 76

2.5.29　ISNUMBER：检测是否为数值型数值函数 ·················· 76

案例 104　使用 ISNUMBER 函数判断数值型数值 ·················· 76

2.5.30　ISTEXT：检测是否为文本函数 ·················· 77

案例 105　使用 ISTEXT 函数判断文本型数值 ·················· 77

2.5.31　PHONETIC：另类文本字符连接函数 ·················· 77

案例 106　使用 PHONETIC 函数连接文本 ·················· 77

2.5.32　RAND：取随机小数函数 ·················· 78

案例 107　使用 RAND 函数生成随机数 ·················· 78

2.5.33　RANDBETWEEN：取随机整数函数 ·················· 78

案例 108　使用 RANDBETWEEN 函数生成指定大小的随机整数 ·················· 79

2.5.34　MODE：取众数函数 ·················· 79

XI

| 案例 109 | 使用 MODE 函数判断出现次数最多的数值 | 79 |

2.6 初级函数综合案例 ··············· 80

案例 110	使用 TEXT 函数把秒数转换为分钟数	80
案例 111	为什么使用 SUMIF 函数的求和结果是 0	81
案例 112	对比两张表中的数据	83
案例 113	判断奇偶行的两种方法	85
案例 114	使用 SUMIF 函数遇到通配符时如何解决	86
案例 115	提取单元格中靠左侧的汉字	87
案例 116	从汉字中提取数字的最简单的方法	88
案例 117	简单的数值相加为什么会报错	88
案例 118	使用 LOOKUP 函数实现反向查找	89
案例 119	比 IF 函数还经典的判断用法	90
案例 120	引用每个表的 C 列中的最后一个值	92
案例 121	将单元格中的内容进行分列	93
案例 122	求 18:00—23:00 有几个小时	94
案例 123	为什么使用 SUM 函数无法求和	95
案例 124	提取小括号里的数据	95
案例 125	每隔 4 行提取数据组成新的一列	97
案例 126	最简单的分类汇总方法	98
案例 127	判断汉字和字母	99
案例 128	使用 VLOOKUP 函数实现多表查找	100
案例 129	将一列数据快速转换为两列数据	101
案例 130	根据产品名返回最后一次进价	101
案例 131	提取最后一个月的数据	102
案例 132	为什么使用 VLOOKUP 函数得不到正确的结果	103
案例 133	为什么使用 SUMPRODUCT 函数得不到正确的结果	104
案例 134	如何实现"六舍七入"	105
案例 135	动态获取当前工作表名称	107
案例 136	Excel 中的两个通配符的用法	108
案例 137	ROW 函数与 ROWS 函数的区别	108
案例 138	如何把"2017-10-20"转换为"20171020"	111
案例 139	为什么公式=IF(2,3,4)返回 3	112
案例 140	隐藏 0 值	112
案例 141	计算表达式	113

案例 142　如何把"2017.8.30"转换成"2017 年 8 月 30 日" ……………114

第 3 章　中级函数：实现批量数据处理 …………………………………………115

3.1　数组 ………………………………………………………………………115
3.2　数组综合案例 ……………………………………………………………118

案例 143　使用数组求 1～100 的和 …………………………………………118
案例 144　使用数组求文本中的数字之和 ……………………………………119
案例 145　使用 MID 函数求单元格中的数字之和 …………………………119
案例 146　使用 LEN 函数统计单元格区域中有多少个字母 A ……………119
案例 147　使用 RIGHT 函数提取单元格中右边的数字 ……………………120
案例 148　使用 SUMIF 函数求张三和李四的销量之和 ……………………120
案例 149　使用 VLOOKUP 函数求每个员工上半年和下半年的
　　　　　销量之和 ……………………………………………………………121
案例 150　使用 COUNTIF 函数统计字符共出现多少次 …………………121
案例 151　使用 MATCH 函数统计不重复值的个数 ………………………122
案例 152　使用 FIND 函数查找最后一个"/"的位置 ……………………123
案例 153　使用 FIND 函数查找单元格中第一个数字出现的位置 ………123
案例 154　使用数组根据日期返回对应的季度 ………………………………124
案例 155　使用数组隔行求和 …………………………………………………124
案例 156　使用数组引用每一行单元格中的最后一个数据 …………………125
案例 157　使用数组引用每一行单元格中的第一个数据 …………………125
案例 158　使用数组统计超过 15 位数字的个数 ……………………………126
案例 159　使用 MID 函数提取单元格中最后一个逗号后面的数据 ………126
案例 160　使用 MID 函数提取数字 …………………………………………127
案例 161　使用 IF+VLOOKUP 函数实现反向查找 ………………………127
案例 162　使用 CHOOSE 函数实现反向查找 ……………………………128
案例 163　使用 COUNTIF 函数统计大于 100 且小于 200
　　　　　的数字个数 ………………………………………………………128
案例 164　双条件查找的 7 种方法 ……………………………………………129
案例 165　使用 INDEX 函数实现一对多查询并且纵向显示结果 …………132
案例 166　使用 INDEX 函数实现一对多查询并且横向显示结果 …………133
案例 167　实现一对多查询并且将结果用顿号分隔 ………………………133
案例 168　LOOKUP+FIND 函数的经典组合应用 ………………………134
案例 169　单列去重 ……………………………………………………………135

XIII

案例 170	多列去重	135
案例 171	中国式排名	136
案例 172	美国式排名	137
案例 173	多工作表汇总	137
案例 174	目录制作	138
案例 175	VLOOKUP 函数的第 1 参数数组用法	139
案例 176	计算体积	139
案例 177	把 9*20*30 中的数字分别提取到 3 个单元格中	140
案例 178	将多列转为一列	140
案例 179	将一列转为多列	141
案例 180	用全称匹配简称	141
案例 181	用简称匹配全称	142
案例 182	使用 LOOKUP 函数实现多条件查找	142
案例 183	对合并单元格按条件求和	143
案例 184	查找姓名最后一次出现的位置对应的数量	144
案例 185	双条件计数	144
案例 186	如何生成序列	145
案例 187	引用合并单元格中的值	145
案例 188	从汉字中提取数字	146
案例 189	将通话记录里的分和秒相加	146
案例 190	使用 COUNTIF 函数统计不连续列中的字符个数	147
案例 191	使用 COUNTIF 函数统计不重复值的个数	147
案例 192	使用 COUNT 函数统计不重复值的个数且排除空单元格	148

3.3 中级函数综合案例 ································ 149

案例 193	根据身份证号提取户籍所在地	149
案例 194	根据身份证号提取出生日期	149
案例 195	根据身份证号提取性别	150
案例 196	根据身份证号计算年龄	150
案例 197	根据名称显示照片	151
案例 198	使用 VLOOKUP 函数制作工资条	152
案例 199	将周末高亮显示	152
案例 200	使用定义名称功能+INDIRECT 函数实现二级下拉菜单	154
案例 201	使用数组公式实现二级下拉菜单	155

案例202	将TEXT函数当IF函数用	155
案例203	为银行卡号每隔4位加空格	156
案例204	动态求每周的销量	156
案例205	设置7天内生日提醒	157
案例206	使序号随着筛选而自动编号	158
案例207	给合并单元格编号	158
案例208	不显示错误值的3种方法	159
案例209	TEXT函数+!的用法	159
案例210	计算经过多少个工作日完成任务	160
案例211	向下和向右填充公式生成26个字母	161
案例212	提取括号里的数据	161
案例213	计算一个日期为当月的第几周	162
案例214	隔列求和的3种方法	163
案例215	取得单元格的列号	164
案例216	筛选在19:00—23:00范围内的时间	164
案例217	判断某月有多少天	165
案例218	获取当前工作表的名称	165
案例219	输出4位数，不足4位在左边加0	166
案例220	限制单元格中只能输入15位或者18位字符	167

第4章　高级函数：Excel函数高级用法 …168

4.1　矩阵乘积函数 …168

案例221	使用MMULT函数求各科成绩总和	169
案例222	使用MMULT函数求每一个人的总分	169
案例223	使用MMULT函数单条件求和	170
案例224	使用MMULT函数实现多行多列查找	171
案例225	找出每个销售员销量最大的4个数值	171
案例226	按数量生成姓名	172

4.2　频率函数 …173

案例227	使用FREQUENCY函数统计分数出现的频率	173
案例228	使用FREQUENCY函数统计不重复值的个数	174
案例229	使用FREQUENCY函数实现去重	174
案例230	合并单元格条件求和	175

4.3　降维函数 …176

案例 231　使用 N 函数降维求奇数行的和 …… 176
案例 232　使用 T 函数降维动态求和 …… 177
案例 233　使用 SUMIF 函数进行降维汇总多个工作表 …… 178
案例 234　使用 SUBTOTAL 函数降维实现隔列求和 …… 178
案例 235　为何 MATCH 函数会报错 …… 179

4.4　加权函数 …… 180

案例 236　提取多段数字 …… 180
案例 237　动态引用每一列单元格中的最后一个值并求和 …… 180

4.5　高级函数综合案例 …… 181

案例 238　把月份数转为"#年#月"的格式 …… 181
案例 239　提取单元格中的数字再相乘 …… 182
案例 240　使用 SUBSTITUTE 函数根据身份证号计算年龄是几岁几个月 …… 183
案例 241　VLOOKUP 函数的第 1 参数为数组的用法 …… 184
案例 242　使用 VLOOKUP 函数实现一对多查询 …… 184
案例 243　使用 MATCH 和 MID 函数找到单元格中第一个出现的数字 …… 185
案例 244　如何给 LOOKUP 函数构建参数 …… 186
案例 245　把小括号里的数字相加 …… 186
案例 246　提取多段数字并放在多个单元格中 …… 187
案例 247　将文字和数字分开 …… 188
案例 248　提取多段数字且求和 …… 189

第 5 章　Excel 常用技巧：提高数据处理效率 …… 191

5.1　第 1 个技巧：批量填充 …… 191
5.2　第 2 个技巧：批量填充上一个单元格中的内容 …… 191
5.3　第 3 个技巧：把不规范的日期转为规范的日期 …… 192
5.4　第 4 个技巧：自动为单元格添加边框 …… 193
5.5　第 5 个技巧：使单元格中的内容自动适合列宽 …… 194
5.6　第 6 个技巧：批量快速定义单元格区域名称 …… 195
5.7　第 7 个技巧：Tab 键的妙用 …… 195
5.8　第 8 个技巧：设置文档自动保存时间 …… 196
5.9　第 9 个技巧：从身份证号码中提取出生日期 …… 196

5.10	第10个技巧：	制作斜线表头 ··········· 197
5.11	第11个技巧：	计算文本表达式 ··········· 198
5.12	第12个技巧：	冻结单元格 ··········· 199
5.13	第13个技巧：	标示单元格中的重复值 ··········· 200
5.14	第14个技巧：	给工作簿加密 ··········· 201
5.15	第15个技巧：	使用快捷键 Ctrl+\ 快速对比两列数据 ··········· 202
5.16	第16个技巧：	使用快捷键 Alt+= 求和 ··········· 202
5.17	第17个技巧：	快速合并单元格中的内容 ··········· 203
5.18	第18个技巧：	隔列复制数据 ··········· 203
5.19	第19个技巧：	输入当前的日期和时间 ··········· 204
5.20	第20个技巧：	数值和日期之间的转换 ··········· 204
5.21	第21个技巧：	妙用快捷键 F4 隔行插入空行 ··········· 205
5.22	第22个技巧：	使用快捷键 F4 切换单元格引用方式 ··········· 205
5.23	第23个技巧：	输入 1 显示"男"；输入 2 显示"女" ··········· 206
5.24	第24个技巧：	显示和隐藏 Excel 的功能区 ··········· 206
5.25	第25个技巧：	跨列居中优于合并单元格 ··········· 207
5.26	第26个技巧：	如何输入以 0 开头的数字 ··········· 208
5.27	第27个技巧：	通过自定义单元格格式快速录入数据 ··········· 208
5.28	第28个技巧：	快速跳转到数据列的最后一个单元格 ··········· 209
5.29	第29个技巧：	让每一页工作表打印出来都有标题行 ··········· 209
5.30	第30个技巧：	把"*"替换成"×" ··········· 210
5.31	第31个技巧：	使用快捷键 Alt+↓ 快速弹出下拉菜单 ··········· 211
5.32	第32个技巧：	按所选内容进行筛选 ··········· 211
5.33	第33个技巧：	使用快捷键 Ctrl+D 复制上一个单元格中的内容 ··········· 212
5.34	第34个技巧：	在多个工作表中批量输入 ··········· 213
5.35	第35个技巧：	设置单元格区域保护 ··········· 213
5.36	第36个技巧：	设置数值以"万"为单位 ··········· 214
5.37	第37个技巧：	如何让复制的表格列宽不变 ··········· 215
5.38	第38个技巧：	快速打开"选择性粘贴"对话框 ··········· 216
5.39	第39个技巧：	快速添加边框 ··········· 216
5.40	第40个技巧：	快速删除边框 ··········· 217

第1章

函数基础知识：Excel 数据处理利器

1.1 函数基础

1. 函数的定义

函数是编程人员预先定义的执行计算、分析等处理数据任务的特殊公式。

2. 函数的输入规则

先输一个"="；然后输入函数名；接着输入一对小括号()；在小括号内输入参数；最后按 Enter 键。要注意的是，要在英文半角状态下输入符号。

3. 函数的语法要点

第 1 点：所有的符号都要在英文半角状态下输入。
第 2 点：一个函数名后面要有一对小括号。
第 3 点：公式一定要以"="开头，"="前面不能有别的符号。

第 4 点：参数与参数之间用半角逗号分隔。

第 5 点：函数名要输入正确。

第 6 点：如果参数是文本，则要给文本加双引号，单元格、自定义名称不要加双引号。

4. 函数中的运算符

可以把函数中的运算符分为以下 3 类。

- 四则运算符：+、-、*、/。
- 比较运算符：大于（>）、小于（<）、等于（=）、大于或等于（>=）、小于或等于（<=）、不等于（<>）。
- 不常用的运算符：幂（^）、空格（交叉运算符）、百分比（%）。

1.2 函数输入小技巧

1. 如何输入英文参数

STEP 01 先输一个等号"="，然后输入函数名，再输入左括号"("。

STEP 02 按快捷键 Ctrl+Shift+A。

STEP 03 在等号前加一个空格。

下图所示是案例效果。

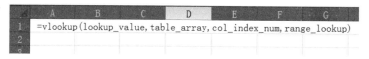

2. 如何切换单元格之间的引用

操作方法：选中要切换的单元格，然后按快捷键 F4。如果使用的是笔记本电脑，则要按快捷键 Fn+F4。

3. 如何批量选中参数

操作方法：直接单击函数名后面的参数。

下图所示是案例效果。

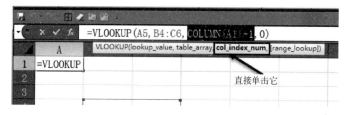

4. 如何查看参数运算结果

操作方法：选中参数之后，按快捷键 F9，即可查看参数运算结果。

5. 如何快速填充公式

操作方法 1：选中有公式的单元格，当鼠标光标和填充柄重叠时，鼠标光标由空心的"十"字变成实心的"十"字，双击鼠标。

操作方法 2：选中有公式的单元格，当鼠标光标和填充柄重叠时，鼠标光标由空心"十"字变成"十"字，向下拖曳鼠标。

6. 如何快速打开函数参数对话框

操作方法：先在单元格中输入一个等号，然后输入函数名，最后按快捷键 Ctrl+A。

7. 如何快速选中单元格区域中的参数

操作方法：如果单元格区域是一列，则选中这一列的第一个单元格，如左下图所示。如果单元格区域是连续的多列，那么先选中每一列的第一个单元格，然后按快捷键 Ctrl+Shift+↓，如右下图所示。

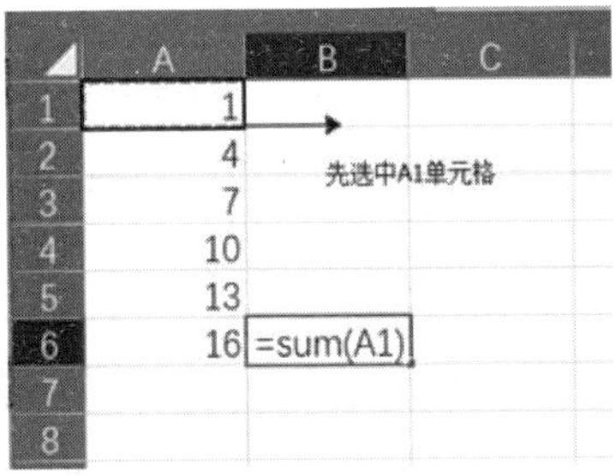

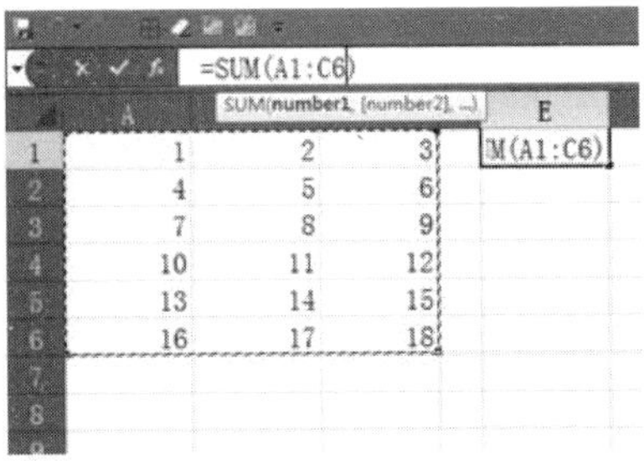

8. 单元引用类型

（1）相对引用

相对引用是指行号和列号前面都没有$符号，例如"A1"，在向下填充公式时，A1 会变成 A2，在向右填充公式时，A1 会变成 B1。

（2）绝对引用

绝对引用就是行号和列号前面都有$符号，例如"$A$1"，在向下或向右填充公式时，行号和列号都不会变。

（3）混合引用

混合引用分为两种：绝对行引用（例如 A$1 的形式）和绝对列引用（例如$A1 的形式）。

当为绝对行引用时，在向下填充公式时，公式不会变，在向右填充公式时，列号会变（例如 A$1 会变成 B$1）。

当为绝对列引用时，在向下填充公式时，行号会变（例如$A1 会变成$A2），在向左填充公式时，公式不会变。

| 备注 | 建议读者多在工作表中试一试，只看不练不一定明白单元格引用的原理，想要学会函数、活用函数，单元格引用必须要弄懂。 |

第 2 章

基础函数：打好基础，轻松实现数据处理

2.1 文本函数

2.1.1 RIGHT：从右侧提取字符函数

公式：**=RIGHT(text,num_chars)**

要注意的知识点

第 1 点：RIGHT 函数用于从单元格的右侧提取字符。

第 2 点：此函数有两个参数。第 1 参数：从哪个单元格中提取字符；第 2 参数：提取第几个字符。

第 3 点：如果第 2 参数是 1，则可以省略。

案例 01　使用 RIGHT 函数提取单元格中的字符

案例及公式如下图所示。这里要从 A1 单元格中把"教育"两个字提取出来。

公式

=RIGHT(A1,2)

公式解释

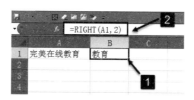

第 1 参数：A1，即从 A1 单元格中提取字符。

第 2 参数：2，即从单元格的右侧提取两个字符。

▶ **本案例视频文件**：02/案例 01 使用 RIGHT 函数提取单元格中的字符

2.1.2　LEFT：从左侧提取字符函数

公式：=LEFT(text,num_chars)

要注意的知识点

第 1 点：LEFT 函数用于从单元格的左侧提取字符。

第 2 点：此函数有两个参数。第 1 参数：从哪个单元格中提取字符；第 2 参数：提取第几个字符。

第 3 点：如果第 2 参数是 1，则可以省略。

📖 **案例 02　使用 LEFT 函数提取单元格中的字符**

案例及公式如下图所示。这里要从 A1 单元格中把"完美"两个字提取出来。

公式

=LEFT(A1,2)

公式解释

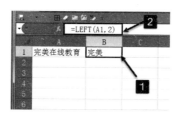

第 1 参数：A1，即从 A1 单元格中提取字符。

第 2 参数：2，即从单元格的左侧提取两个字符。

▶ **本案例视频文件**：02/案例 02 使用 LEFT 函数提取单元格中的字符

2.1.3 MID：从中间提取字符函数

公式：**=MID(text,start_num,num_chars)**

要注意的知识点

第 1 点：MID 函数的作用是从单元格的中间提取字符。

第 2 点：此函数有 3 个参数。第 1 参数：从哪个单元格中提取字符；第 2 参数：从哪个位置开始提取字符；第 3 参：提取第几个字符。

案例 03 使用 MID 函数提取单元格中的字符

案例及公式如下图所示。这里要从 A1 单元格中把"在线"两个字提取出来。

公式

=MID(A1,3,2)

公式解释

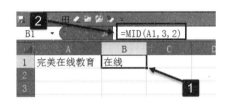

第 1 参数：A1，即从 A1 单元格中提取字符。

第 2 参数：3，即从第 3 个位置开始提取字符。

第 3 参数：2，即提取两个字符。

> 本案例视频文件：02/案例 03 使用 MID 函数提取单元格中的字符

2.1.4 LEN：计算文本长度函数

公式：**=LEN(text)**

要注意的知识点

第 1 点：LEN 函数用于统计单元格中字符的个数，不分单/双字节。

第 2 点：此函数只有一个参数。

案例 04 使用 LEN 函数统计单元格中有多少个字符

案例及公式如下图所示。这里要统计 A1 单元格中有多少个字符。

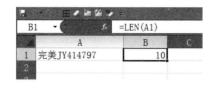

公式

=LEN(A1)

公式解释

第1参数：A1，即要统计的单元格。在A1单元格中，"完美"是两个汉字，"JY"是两个字母，"141797"是6个数字，统计结果为共有10个字符。

> **本案例视频文件**：02/案例04 使用LEN函数统计单元格中有多少个字符

2.1.5 LENB：文本长度计算函数（区分单/双字节）

公式：**=LENB(text)**

要注意的知识点

第1点：LENB函数的作用是统计单元格中字符的个数。

第2点：此函数只有一个参数。

第3点：此函数区分单/双字节，在英文半角状态下，1个汉字算2个字节；1个字母算1个字节；1个数字算1个字节。而LEN函数不区分单/双字节。

> **案例05　使用LENB函数统计单元格中共有几个字符**

案例及公式如下图所示。这里要统计A1单元格中共有几个字符。

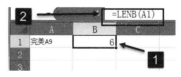

公式

=LENB(A1)

公式解释

在A1单元格中，"完美"两个字算4个字符；"A"算1个字符；"9"算1个字符，所以共有6个字符。

> **本案例视频文件**：02/案例05 使用LENB函数统计单元格中共有几个字符

案例 06　使用 LENB 函数提取单元格中左边的汉字

案例及公式如下图所示。这里要提取 A1 单元格中左边的汉字。

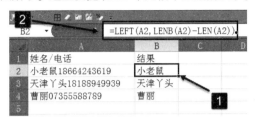

公式

=LEFT(A2,LENB(A2)-LEN(A2))

公式解释

LENB(A2)-LEN(A2)用于计算汉字的个数，因为使用 LENB 函数统计时，汉字算 2 个字符，数字算 1 个字符，而使用 LEN 函数统计时数字和汉字都算 1 个字符，因此 LENB(A2)-LEN(A2)就是将数字抵消了，而 2 倍的汉字的字符个数减掉 1 倍的汉字的字符个数，剩下的就是 1 倍的汉字的字符个数，也就是汉字的个数。

> 本案例视频文件：02/案例 06 使用 LENB 函数提取单元格中左边的汉字

案例 07　使用 LENB 函数提取单元格中右边的数字

案例及公式如下图所示。这里要提取 A1 单元格中右边的数字。

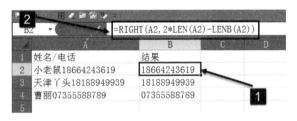

公式

=RIGHT(A2,2*LEN(A2)-LENB(A2))

公式解释

此函数是把所有的字符当作汉字，也就是将字符个数放大两倍：2*LEN(A2)，如果 A2 单元格中有 28 个字符，而 LENB 函数只是将字符个数放大了 2 倍，数字个数没有被放大，因此 2 倍的字符个数减去 2 倍的字符个数等于零，而 2 倍的数字个数减去 1 倍的数字个数得到的就是数字的个数。

> 本案例视频文件：02/案例 07 使用 LENB 函数提取单元格右边的数字

2.1.6 MIDB：从指定位置提取字符函数（区分单/双字节）

公式：**=MIDB(text,start_num,num_bytes)**

要注意的知识点

第1点：MIDB函数有3个参数，第1参数表示从哪一个字符串或者单元格中提取字符；第2参数表示从第几个位置开始提取；第3参数表示提取几个字符。

第2点：此函数区分单/双字节，即1个汉字算2个字节，1个字母算1个字节，1个数字算1个字节。

案例08　使用MIDB函数从单元格中提取指定的字符

案例及公式如下图所示。这里要从A1单元格中提取指定的字符。

公式

=MIDB(A1,11,2)

公式解释

第1参数：从A1单元格中提取字符；第2参数：从第11个字符开始提取，"王氏镜片"算8个字符，而"VZ"算2个字符，所以从第11个字符（即"4"）开始提取；第3参数为2，即提取2个字符，两个数字算两个字符，所以结果为"45"。

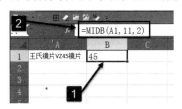

本案例视频文件：02/案例08　使用MIDB函数从单元格中提取指定的字符

2.1.7 SEARCH：不区分大/小写、支持通配符的查找函数

公式：**=SEARCH(find_text,within_text,start_num)**

要注意的知识点

第1点：SEARCH函数用于确定某个字符或文本字符串在另一个文本字符串中的位置。

第2点：此函数共有3个参数。第1参数：查找值；第2参数：被查找的字符串；第3参数：从哪个位置开始查找。

第3点：如果从第1个字符开始查找，则第3参数可以不写，只写前两个参数。

第4点：不区分英文的大/小写。

第5点：支持通配符用法。

案例 09　使用 SEARCH 函数查找指定字符的位置

案例及公式如下图所示。这里要从 A1 单元格中查找"佛山小老鼠"中"老"字的位置。

公式
=SEARCH("老",A1,1)

公式解释

第 1 参数：查找汉字"老"。
第 2 参数：从单元格 A1 中查找。
第 3 参数：从第 1 个位置开始查找。

结果返回 4，因为"老"字在第 4 个字符位置。由于第 3 参数是 1，则此公式也可以写成=SEARCH("老",A1)。

本案例视频文件：02/案例 09 使用 SEARCH 函数查找指定字符的位置

2.1.8　SEARCHB：查找指定字符位置函数（区分单/双字节）

公式：=SEARCHB(find_text,within_text,start_num)

要注意的知识点

SEARCHB 函数和 SEARCH 函数的用法基本一样，区别在于 SEARCH 函数区分单/双字节。

案例 10　使用 SEARCHB 函数提取汉字中间的数字

案例及公式如下图所示。这里要从 A 列的单元格中提取汉字中间的数字。

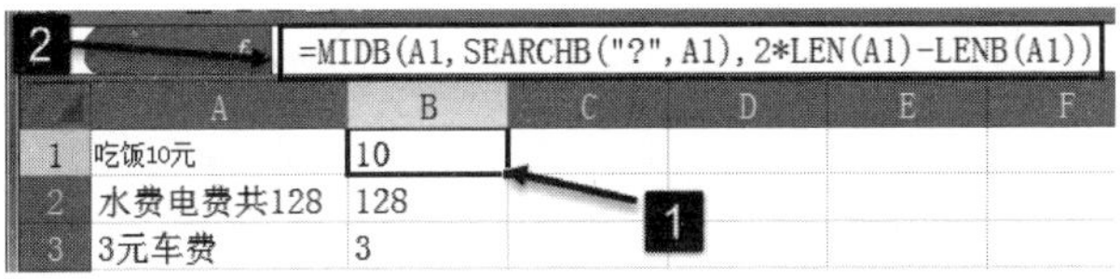

公式
=MIDB(A1,SEARCHB("?",A1),2*LEN(A1)-LENB(A1))

公式解释

SEARCHB("?",A1)：找到 A1 单元格中第 1 个数字出现的位置，"?" 通配符代表任意一个单字节。

2*LEN(A1)-LENB(A1)：得到数字的个数。

本案例视频文件：02/案例 10 使用 SEARCHB 函数提取汉字中间的数字

注意 因为 SEARCHB 函数是区分单/双字节的，所以要搭配函数 MIDB 使用，不能搭配函数 MID 使用。

2.1.9 FIND：区分大/小写、不支持通配符的查找函数

公式：**=FIND(find_text,within_text,start_num)**

要注意的知识点

第 1 点：FIND 函数用于查找字符的位置。

第 2 点：此函数共有 3 个参数。第 1 参数：查找值；第 2 参数：被查找的字符串；第 3 参数：从哪个位置开始查找。

第 3 点：如果从第 1 个位置开始查找，则第 3 参数可以不写，只写前面两个参数即可。

第 4 点：区分英文的大/小写。

第 5 点：不支持通配符用法。

第 6 点：和 SEARCH 函数的用法类似。

案例 11 使用 FIND 函数从字符串中查找某个字符串所在的位置

案例及公式如下图所示。这里要从 A1 单元格中查找字符"佛山"所在的位置。

公式

=FIND("佛山",A1)

公式解释

第 1 参数：查找值为"佛山"。

第 2 参数：从 A1 单元格中查找。

第 3 参数：省略了，因为是 1。

结果返回 6，因为前面有 5 个汉字，这里把"佛山"当作一个整体。

▶ **本案例视频文件**：02/案例 11 使用 FIND 函数从字符串中查找某个字符串所在的位置

> **备注** 如果找不到字符串，也就是说查找值在 A1 单元格中没有，则系统会报错。

2.1.10　ASC：将全角双字节字符转换为半角单字节字符函数

公式：=**ASC(text)**

要注意的知识点

第 1 点：ASC 函数用于把全角双字节的字符转换为半角单字节的字符，有时一些单字节字符是在全角状态下输入的，从而就变成了双字节字符，而 ASC 函数可以把它还原成单字节字符。

第 2 点：汉字经过处理之后，还是双字节的。

第 3 点：此函数有一个参数。

📖 **案例 12　使用 ASC 函数把逗号转换为单字节字符**

案例及公式如下图所示。这里要把 A1 单元格中的"在线，教育"中的逗号转换为单字节字符。

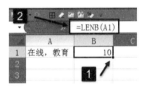 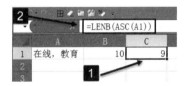

公式

=LENB(A1)

=LENB(ASC(A1))

公式解释

没有经过 ASC 函数处理，A1 单元格中的逗号算双字节字符，经过 ASC 函数处理之后，此逗号变为单字节字符。因为 1 个汉字算 2 个字符，所以=LENB(A1)返回 10；而=LENB(ASC(A1))返回 9。

▶ **本案例视频文件**：02/案例 12 使用 ASC 函数把逗号转换为单字节字符

2.1.11　WIDECHAR：把单字节字符转换为双字节字符函数

公式：=**WIDECHAR(text)**

要注意的知识点

第1点：WIDECHAR 函数用于把单字节字符转换为双字节字符。

第2点：此函数只有1个参数。

案例 13　使用 WIDECHAR 函数把单字节字符转换成双字节字符

案例及公式如下图所示。这里要把 A1 单元格中的"在线,12 教育"转换成双字节字符。

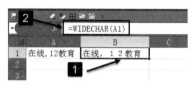

公式

=WIDECHAR(A1)

公式解释

此函数只有一个参数，即要处理的字符串。

本案例视频文件：02/案例 13 使用 WIDECHAR 函数把单字节字符转换成双字节字符

2.1.12　CHAR：将数字转换为字符函数

公式：=CHAR(number)

要注意的知识点

第1点：CHAR 函数的作用就是将数字转换为字符。

第2点：此函数只有1个参数，即数字。

案例 14　使用 CHAR 函数自动填充 26 个大写字母

案例及公式如下图所示。这里要在 A 行中填充 26 个大写字母。

公式

=CHAR(COLUMN()+64)

公式解释

COLUMN 函数中没有参数，表示公式在哪一个单元格中就返回哪一个单元格的列号。

当公式在 A1 单元格中时，返回 1，然后 1+64 等于 65，而 65 对应的是字母 A。当公式在 B1 单元格中时，返回 2，2+64=66，而 66 对应的是字母 B，依此类推。

本案例视频文件：02/案例 14 用 CHAR 函数自动填充 26 个大写字母

2.1.13 CODE：将字符转换为数字函数

公式：**=CODE(text)**

要注意的知识点

第 1 点：CODE 函数用于根据字符返回 ASCII 码。一个字符对应一个数字编码。

第 2 点：此函数只有 1 个参数，即要处理的字符。

案例 15 使用 CODE 函数求字母 A 的 ASCII 码

案例及公式如下图所示。这里要求字母 A 的 ASCII 码是多少。

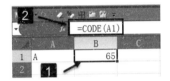

公式

=CODE(A1)

公式解释

CODE 函数和 CHAR 函数是一对"姐妹函数"。在此案例中，A 对应的 ASCII 码是 65。

本案例视频文件：02/案例 15 使用 CODE 函数求字母 A 的 ASCII 码

2.1.14 UPPER：将小写字母转换为大写字母函数

公式：**=UPPER(text)**

要注意的知识点

第 1 点：UPPER 函数用于把小写字母转换为大写字母。

第 2 点：此函数只有一个参数，即要处理的字母。

案例 16 使用 UPPER 函数把字母由小写转换为大写

案例及公式如下图所示。这里要把 A1 单元格中的字母由小写转为大写。

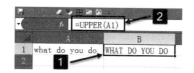

公式

=UPPER(A1)

公式解释

UPPER 函数：把小写字母转换为大写字母。

LOWER 函数：把大写字母转换为小写字母。

PROPER 函数：把每一个单词的首字母转换为大写字母。

后两个函数在这里就不举例了，读者可以自己动手测试。

▶ **本案例视频文件**：02/案例 16 使用 UPPER 函数把字母由小写转换为大写

2.1.15 REPLACE：查找和替换函数

公式：**=REPLACE(old_text,start_num,num_chars,new_text)**

要注意的知识点

第 1 点：REPLACE 函数为查找和替换函数。

第 2 点：此函数用于把一个字符串替换成另一个字符串。

第 3 点：此函数有 4 个参数。第 1 参数：在哪个字符串中进行查找和替换；第 2 参数：从哪个位置开始查找；第 3 参数：替换几个字符；第 4 参数：替换成新的字符串。

第 4 点：当第 3 参数省略时，就相当于插入字符串。

📖 **案例 17　使用 REPLACE 函数把银行卡号每隔 4 位加一个空格**

案例及公式如下图所示。这里要把 A1 单元格中的银行卡号每隔 4 位加一个空格。

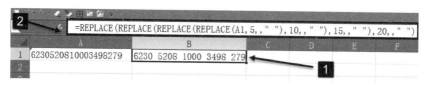

公式

=REPLACE(REPLACE(REPLACE(REPLACE(A1,5,," "),10,," "),15,," "),20,," ")

公式解释

最内层的 REPLACE 函数的第 1 参数是 A1；第 2 参数是 5，所以从第 5 个字符开始查找；第 3 参数省略，相当于插入字符串的作用；第 4 参数为空格。其他 REPLACE 函数的参数含义依此类推。

▶ **本案例视频文件**：02/案例 17 使用 REPLACE 函数把银行卡号每隔 4 位加一个空格

2.1.16 TEXT：格式转换函数

公式：**=TEXT(value,format_text)**

要注意的知识点

第 1 点：TEXT 函数用于根据第 1 参数的值显示第 2 参数的格式。

第 2 点：此函数有两个参数。第 1 参数：要处理的数据；第 2 参数：要显示的格式。

第 3 点：第 2 参数有 4 节：第 1 节为正数；第 2 节为负数；第 3 节为零；第 4 节为文本，中间用分号分隔。

案例 18　使用 TEXT 函数将 0 值屏蔽且保留 1 位小数

案例及公式如下图所示。这里要把 A 列单元格中的 0 值屏蔽且保留 1 位小数。

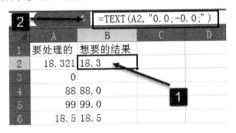

公式

=TEXT(A2,"0.0;-0.0;")

公式解释

第 2 参数共有 3 节：第 1 节为正数——0.0，保留 1 位小数；第 2 节为负数—— -0.0，也是保留 1 位小数；第 3 节什么也不显示，为空格。

▶ **本案例视频文件**：案例 18 使用 TEXT 函数将 0 值屏蔽且保留 1 位小数

案例 19　使用 TEXT 函数计算 2008-8-8 是星期几

案例及公式如下图所示。

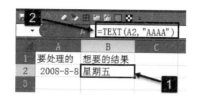

公式

=TEXT(A2,"AAAA")

公式解释

第 2 参数为 AAAA，表示中文的"星期"。

第 2 参数为 AAA，表示数字，如星期五，只显示"五"。

第 2 参数为 DDDD，表示英文的星期几。

第 2 参数为 DDD，表示英文的星期几的前 3 个字母，如 Monday，只显示 Mon。

▶ **本案例视频文件**：02/案例 19 用 TEXT 函数计算 2008-8-8 是星期几

案例 20　使用 TEXT 函数根据分数判断成绩等级

案例及公式如下图所示。其中当分数小于 60 时为不及格；当分数大于或等于 60 且小于 70 时为及格；当分数大于或等于 70 且小于 80 时为良好，当分数大于或等于 80 时为优秀。

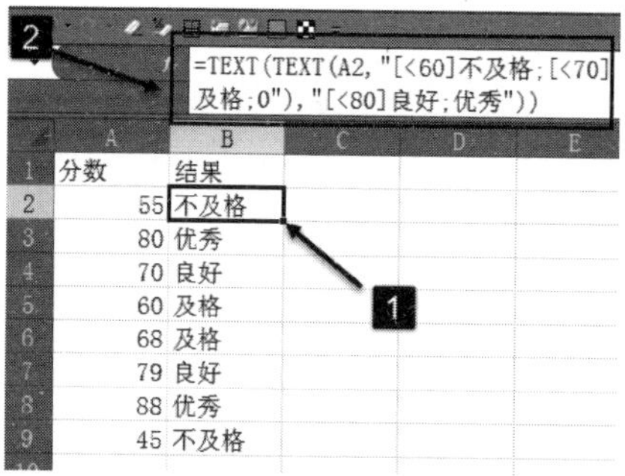

当然这个问题也可以用 IF 或者 LOOKUP、VLOOKUP、HLOOKUP 等函数求解。

公式

=TEXT(TEXT(A2,"[<60]不及格;[<70]及格;0"),"[<80]良好;优秀")

公式解释

这里应用了 TEXT 函数嵌套，也就是说，最外面的 TEXT 函数的第 1 参数为一个 TEXT 函数。

嵌套的 TEXT 函数中有两个条件：返回不及格和及格的结果，剩下的大于或等于 70 的数值全放在第 3 节上，第 3 节只用了一个 0 作为占位符，然后由第 1 个 TEXT 函数进行处理。

最外面的 TEXT 函数的第 2 参数设置了小于 80 的数值显示为"良好",剩下的大于或等于 80 的数值显示为"优秀"。

本案例视频文件：02/案例 20 用 TEXT 函数根据分数判断成绩等级

案例 21 使用 TEXT 函数将大于 100 的数值显示为 100,将小于或等于 100 的数值显示为其本身

案例及公式如下图所示。这里用 TEXT 函数将大于 100 的数值显示为 100,将小于或等于 100 的数值显示为其本身。

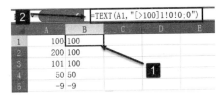

公式

=TEXT(A1,"[>100]1!0!0;0")

公式解释

这里的 TEXT 函数的第 2 参数有两节,第 1 节设置了条件,不满足条件的放在第 2 节中。

为什么第 1 节显示 100 还要在它前面加两个 0?这是强制显示 0,否则就会把 0 当作数字占位符了。

本案例视频文件：02/案例 21 使用 TEXT 函数将大于 100 的数值显示为 100,将小于或等于 100 的数值显示为其本身

备注 当然可以用 IF 函数或者其他函数解决此问题。

2.1.17 T:检测给定值是否为文本函数

公式：=T(value)

要注意的知识点：

第 1 点：T 函数用于判断单元格中的值是否是文本,如果是文本,则返回文本本身,如果是数值,则返回空值。

第 2 点：日期、时间都是数值。

第 3 点：T 函数也有降维的作用,返回的是文本值。

案例 22　使用 T 函数实现只保留文本

案例及公式如下图所示。这里只保留 A 列中的文本。

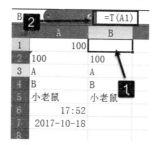

公式

=T(A1)

公式解释

因为 A2 单元格中的"100"是文本,所以保留此数值。

A6 单元格中的是时间,A7 单元格中的是日期,由于时间和日期都是数字,所以这里显示为空值。

本案例视频文件:02/案例 22　使用 T 函数实现只保留文本

2.1.18　TRIM:清除空格字符专用函数

公式:**=TRIM(text)**

要注意的知识点

第 1 点:TRIM 函数用于清除单元格中两端的空格,中间的空格不清除。

第 2 点:此函数只有一个参数,即要处理的单元格。

案例 23　使用 TRIM 函数清除单元格两端的空格

案例及公式如下图所示。这里要清除 A1 单元格两端的空格。

公式

=TRIM(A1)

公式解释

这里使用 A1 单元格作为参数,将"大"字前面的空格去掉,将最后一个"好"字后面的空格也去掉。

> 本案例视频文件：02/案例 23 使用 TRIM 函数清除单元格两端的空格

2.1.19 SUBSTITUTE：按值替换函数

公式：=SUBSTITUTE(text,old_text,new_text,instance_num)

要注意的知识点：

第 1 点：SUBSTITUTE 函数共有 4 个参数：第 1 参数：要处理的文本；第 2 参数：被替换的字符；第 3 参数：要替换成的字符；第 4 参数：替换第几个字符。

第 2 点：如果将字符全部替换，那么第 4 参数可以省略。

> **案例 24　使用 SUBSTITUTE 函数统计单元格中有多少个"c"**

案例及公式如下图所示。这里要统计 A1 单元格中有多少个"c"。

公式

=LEN(A1)-LEN(SUBSTITUTE(A1,"c",""))

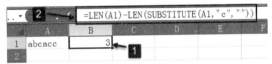

公式解释

在 SUBSTITUTE 函数中，第 1 参数：A1；第 2 参数："c"；第 3 参数：""；第 4 参数：省略，也就是全部替换。

此公式把 A1 单元格中的"c"替换成空值，再用 LEN 函数统计字符的个数。

当字母"c"没有被替换成空值时，用 LEN 函数统计字符的个数。

用替换前字符的个数减去替换后空值的个数，就得到了字母"c"的个数。

> 本案例视频文件：02/案例 24 使用 SUBSTITUTE 函数统计单元格中有多少个"c"

2.2 查找引用函数

2.2.1 LOOKUP：查找函数

第 1 种格式：=LOOKUP(lookup_value,lookup_vector,result_vector)

第 2 种格式：=LOOKUP(lookup_value,array)

要注意的知识点

第 1 点：当此函数有两个参数时，第 1 参数：查找值；第 2 参数：数据源。数据源的第 1 列要升序排序，如果不升序排序，就得到不正确的答案。

第 2 点：当此函数有 3 个参数时，第 1 参数：查找值；第 2 参数：定位位置，需要是一维引用单元格区域和一维数组，且要升序排序；第 3 参数：返回结果的单元格，也要是一维引用单元格区域和一维数组。

第 3 点：如果 LOOKUP 函数的第 1 参数大于第 2 参数的第 1 列中的最大值（且不能等于），也就是查找值大于第 2 参数的第 1 列的所有值，就定位到第 2 参数的第 1 列最后一个值的位置。如果 LOOKUP 函数只有两个参数，就返回定位的这个值，如果有第 3 个参数，那么就返回第 3 参数的值。

第 4 点：错误值不参加计算（有的函数可以忽略错误值，有的函数在计算中不能有错误值）。

案例 25　使用 LOOKUP 函数查找 A 列中的最后一个数值

案例及公式如下图所示。这里使用 LOOKUP 函数查找 A 列中最后一个数值。

公式

=LOOKUP(9E+307,A:A)

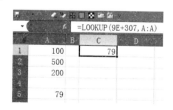

公式解释

9E+307（科学记数法）是 Excel 中最大的数值，当然有人也喜欢将其写成 9^9，此时公式变成=LOOKUP (9^9,A:A)。

当查找值大于第 2 参数（即 A 列中的最大值）时，那么就返回这一列中的最后一个数值。

本案例视频文件：02/案例 25　使用 LOOKUP 函数查找 A 列中的最后一个数值

案例 26　使用 LOOKUP 函数查找 A 列中的最后一个文本

案例及公式如下图所示。使用 LOOKUP 函数可以查找 A 列中的最后一个文本。

公式

=LOOKUP("々",A:A)

公式解释

"々"这个符号在进行升序排序之后，会排在所有的汉字之后，也就是说它比所有的汉字的值都大。

如果你使用的是台式电脑，则需要按快捷键 Alt+4+1+3+8+5 输入"々"字符（要按数字键盘上的数字键，不是按主键盘上的数字键，41385 是"々"这个字符的 ASCII 码，一个字符对应一个编码）。

如果你使用的是笔记本电脑，则要先按住 Fn 键，再按快捷键 Alt+4+1+3+8+5（要按数字键盘上的数字键，不是主键盘上的数字键）。

如果使用上面两种方法都输入不了，则可以用 CHAR 函数（ =CHAR(41385) ）输入"々"。

> 本案例视频文件：02/案例 26 使用 LOOKUP 函数查找 A 列中的最后一个文本

案例 27　使用 LOOKUP 函数查找 A 列中的最后一个值

案例及公式如下图所示。这里使用 LOOKUP 函数查找 A 列中的最后一个值。

公式

=LOOKUP(1,0/(A:A<>""),A:A)

公式解释

先判断 A 列中的值是否等于空（A:A<>""），返回结果为 TRUE 或 FALSE。

0/(A:A<>"")返回 0 或报错：即 0/TRUE=0，0/FALSE 会报错，且错误值不参加计算。

第 2 参数的最大值是 0，根据二分法原理，当查找值 1 大于第 2 参数的最大值时，则定位到第 2 参数最后一个数值的位置，也就是最后一个 0 的位置。

返回第 3 参数对应的值。

> **本案例视频文件**：02/案例 27 使用 LOOKUP 函数查找 A 列中的最后一个值

> **案例 28　使用 LOOKUP 函数根据分数判断成绩等级**

案例及公式如下图所示。下面使用 LOOKUP 函数根据分数判断成绩等级。

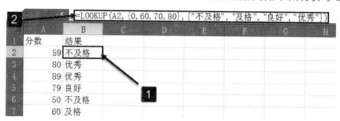

公式

=LOOKUP(A2,{0,60,70,80},{"不及格","及格","良好","优秀"})

公式解释

第 1 参数：查找值，即 A2 中的值。

第 2 参数：常量数组{0,60,70,80}，升序排序。

第 3 参数：返回的结果。

首先找与查找值相等的数值，如果找不到就找比查找值小的数值。如果比查找值小的数值有许多，就在这些数值里面找出最大的数值。假设查找值是 79，第 2 参数没有 79，就找比 79 小的值，即有 3 个：0，60，70，在这 3 个数值中最大的是 70，而 70 在第 3 个位置，即返回第 3 参数的第 3 个位置对应的"良好"字符串。

此公式也可以写成下面几种形式：

=LOOKUP(A2,{0;60;70;80},{"不及格";"及格";"良好";"优秀"})

=LOOKUP(A2,{0,60,70,80},{"不及格";"及格";"良好";"优秀"})

> **本案例视频文件**：02/案例 28 使用 LOOKUP 函数根据分数判断成绩等级

2.2.2　MATCH：查找地址函数

公式：=MATCH(lookup_value,lookup_array,match_type)

第 2 章 基础函数：打好基础，轻松实现数据处理

要注意的知识点

第 1 点：MATCH 函数用于查找某个字符串在一维引用单元格区域或者一维数组中的位置。

第 2 点：此函数有 3 个参数。第 1 参数：查找值；第 2 参数：数据源；第 3 参数：查找方式。

第 3 点：第 2 参数一定是一维引用单元格区域，或者是一维数组。

第 4 点：如果第 3 参数为 0，则表示精确查找，第 2 参数的排序可以是乱序。

第 5 点：如果第 3 参数为 1，则表示模糊查找，要求第 2 参数升序排序。

第 6 点：如果第 3 参数为-1，则表示模糊查找，要求第 2 参数降序排序。

案例 29　使用 MATCH 函数查找某一个值的位置

案例及公式如下图所示。这里要在 A 列中查找"曹丽"的位置。

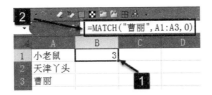

公式

=MATCH("曹丽",A1:A3,0)

公式解释

第 1 参数：查找值"曹丽"。

第 2 参数：一维引用单元格区域 A1:A3。

第 3 参数：查找方式，即精确查找（0）。

这个公式也可以写成=MATCH("曹丽",A1:A3,)，也就是说第 3 参数中的 0 可以省略，但 0 前面一定要有逗号。

▶ **本案例视频文件**：02/案例 29　使用 MATCH 函数查找某一个值的位置

案例 30　使用 MATCH 函数根据日期返回对应的季度

案例及公式如下图所示。这里要根据 A 列中的日期返回对应的季度。

公式

="第"&MATCH(MONTH(A2),{1,4,7,10},1)&"季度"

公式解释

第 1 参数：MONTH 函数，MONTH 函数可以提取日期中的月份数。

第 2 参数：{1,4,7,10}，一维数组。

第 3 参数：1，即要求第 2 参数升序排序。

例如 A4 单元格中的日期是 2017-8-19，使用 MONTH 函数提取出的月份值是 8，即 8 是 MATCH 函数的查找值。在第 2 参数{1,4,7,10}中查找 8，如果没有 8，就找比 8 小的值。比 8 小的值有 3 个，分别是 1、4、7，然后从这些值里找最大的值，即 7，返回 7 的位置（即 3），也就是说 2017-8-19 是第 3 季度。

最后用连字符&把"第"和"季度"连接起来。

这个公式里的第 3 参数可以省略,可以写成="第"&MATCH(MONTH(A2),{1,4,7,10})&"季度"。

▶ **本案例视频文件**：02/案例 30 使用 MATCH 函数根据日期返回对应的季度

案例 31　使用 MATCH 函数根据数值返回对应的位置

案例及公式如下图所示。这里使用 MATCH 函数定位最接近 1.6 的数字的位置。

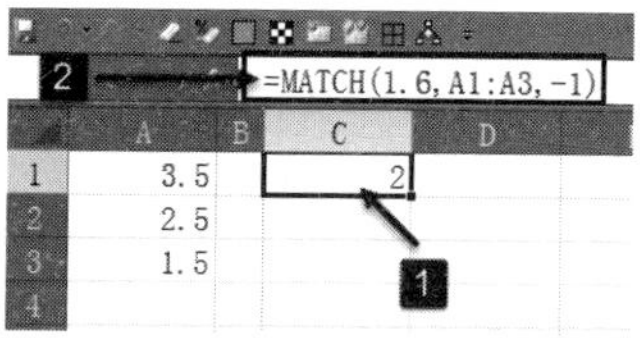

公式

=MATCH(1.6,A1:A3,-1)

公式解释

MATCH 函数的第 3 参数为-1，表示第 2 参数降序排序。

查找值是 1.6。首先找和 1.6 相等的值，如果没有找到，就找比 1.6 大的值。比 1.6 大的值有两个，分别是 3.5 和 2.5。然后在这些值里找比较小的值，也就是最接近查找值的数值，即 2.5。2.5 在第 2 个位置，所以结果返回 2。

▶ **本案例视频文件**：02/案例 31 使用 MATCH 函数根据数值返回对应的位置

案例 32　使用 MATCH 函数查找最后一个销售数量出现的位置

案例及公式如下图所示。下面使用 MATCH 函数查找最后一个销售数量出现的位置。

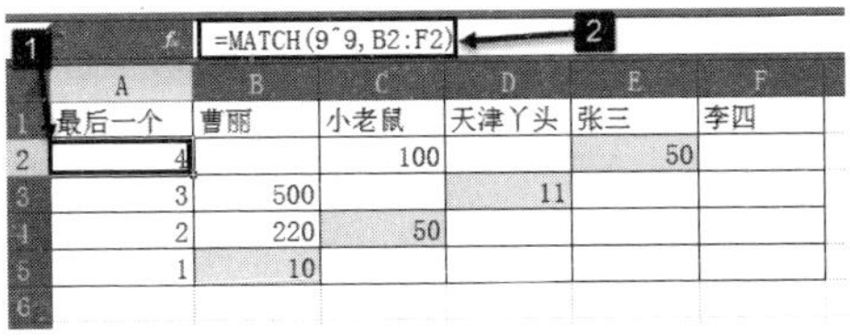

第 2 章 基础函数：打好基础，轻松实现数据处理

公式

=MATCH(9^9,B2:F2)

公式解释

第 1 参数：查找值，即 9^9，也可以用 9E+307 表示。

第 2 参数：单元格区域 B2:F2，这里要用相对引用。

第 3 参数：省略了，实际上为 1，如果查找值大于第 2 参数中的所有值，就返回最后一个数值的位置。

> 本案例视频文件：02/案例 32 使用 MATCH 函数查找最后一个销售数量出现的位置

2.2.3 VLOOKUP：垂直查找函数

公式：=VLOOKUP(lookup_value,table_array,col_index_num,range_lookup)

要注意的知识点

第 1 点：VLOOKUP 函数是一个引用函数，它有 4 个参数，第 1 参数：查找值；第 2 参数：数据源；第 3 参数：返回第几列；第 4 参数：查找方式，0 或者 FALSE 表示精确查找，1 或者 TRUE 表示模糊查找。

第 2 点：如果第 4 参数为 1，那么要求第 2 参数的第 1 列升序排序，否则结果就不对了。

第 3 点：查找值要在第 2 参数的第 1 列，也叫作首列查找。

第 4 点：如果第 4 参数为 1，那么可以省略，只写前 3 个参数即可；如果第 4 参数为 0，那么这个 0 可以不写，但是 0 前面一定要有逗号。

> 案例 33　使用 VLOOKUP 函数根据姓名查找对应的销量

案例及公式如下图所示。

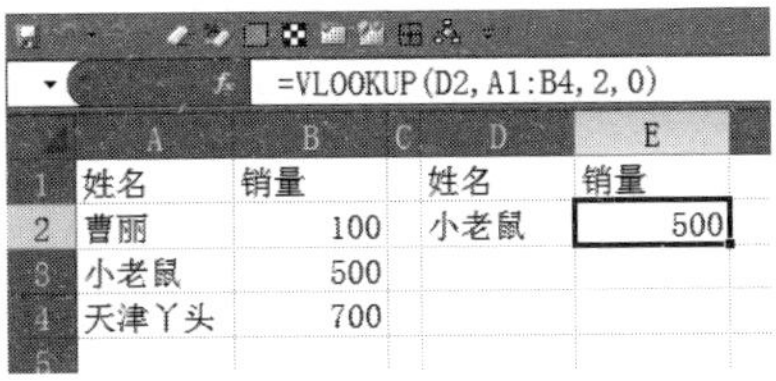

下面使用 VLOOKUP 函数根据姓名查找对应的销量。

公式

=VLOOKUP(D2,A1:B4,2,0)

公式解释

第 1 参数：查找值，即单元格 D2 中的值。

第 2 参数：数据源，即单元格区域 A1:B4，且查找值姓名在首列。

第 3 参数：返回数据源中第 2 列的销量数值。

第 4 参数：0，属于精确查找。当然此公式也可以写成=VLOOKUP(D2,A1:B4,2,)。

▶ **本案例视频文件**：02/案例 33 使用 VLOOKUP 函数根据姓名查找对应的销量

案例 34　使用 VLOOKUP 函数根据学生分数判断成绩等级

案例及公式如下图所示。下面使用 VLOOKUP 函数根据学生分数判断成绩等级。

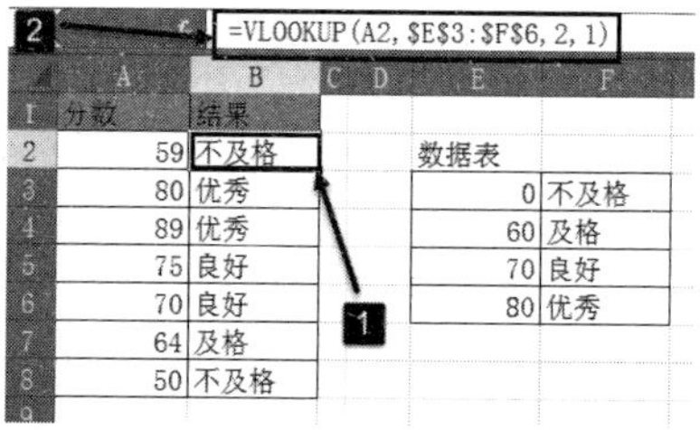

公式

=VLOOKUP(A2,$E$3:$F$6,2,1)

公式解释

第 1 参数：查找值，即单元格 A2。

第 2 参数：数据源，即单元格区域 E3:F6，且为升序排序，原因是第 4 参数为 1。

第 3 参数：返回数据源的第 2 列。

第 4 参数：1。

当然此公式也可以写成=VLOOKUP(A2,$E$3:$F$6,2)。

▶ **本案例视频文件**：02/案例 34 使用 VLOOKUP 函数根据学生分数判断成绩等级

案例 35　使用 VLOOKUP 函数查找和数据源列中的字段顺序不一样的信息

案例及公式如下图所示。下面使用 VLOOKUP 函数查找和数据源列中的字段顺序不一样的信息。

第 2 章 基础函数：打好基础，轻松实现数据处理

公式

=VLOOKUP($A$7,$A$1:$D$4,MATCH(B6,$A$1:$D$1,0),0)

公式解释

第 1 参数：查找值，即 A7 单元格中的数值。

第 2 参数：数据源，单元格区域 A1:D4。

第 3 参数：使用 MATCH 函数根据第 6 行的列字段到第 1 行中定位。

第 4 参数：0，表示精确查找。

> 本案例视频文件：02/案例 35 使用 VLOOKUP 函数查找和数据源列中的字段顺序不一样的信息

2.2.4 HLOOKUP：水平查找函数

公式：**=HLOOKUP(lookup_value,table_array,row_index_num,range_lookup)**

要注意的知识点

第 1 点：HLOOKUP 函数是引用函数，它与 VLOOKUP 及 LOOKUP 函数被称为"三兄弟"。

第 2 点：此函数有 4 个参数，第 1 参数：查找值；第 2 参数：数据源；第 3 参数：返回数据源的哪一行。第 4 参数：查找方式，1 和 TRUE 表示精确查找，0 和 FALSE 表示模糊查找。

第 3 点：如果第 4 参数为 1，则表示第 2 参数的第 1 行要升序排序，否则结果不对。

第 4 点：查找值必须要在第 2 参数的第 1 行中，所以有的人称它为首行查找。

案例 36 使用 HLOOKUP 函数根据月份查找销量

案例及公式如下图所示。下面使用 HLOOKUP 函数根据月份查找销量。

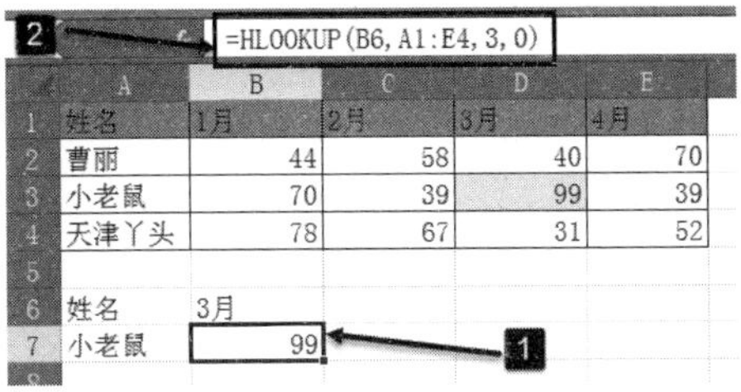

公式

=HLOOKUP(B6,A1:E4,3,0)

公式解释

第 1 参数：查找值，即 B6。

第 2 参数：数据源，即单元格区域 A1:E4。

第 3 参数：返回数据源中的第 3 行。

第 4 参数：0，表示精确查找。

▶ 本案例视频文件：02/案例 36 使用 HLOOKUP 函数根据月份查找销量

2.2.5 INDEX：引用函数①

公式：**第 1 种形式**：=INDEX(array,row_num,column_num)

　　　　第 2 种形式：=INDEX(reference,row_num,column_num,area_num)

要注意的知识点

第 1 点：INDEX 函数是一个引用函数，它可以返回单元格中的值，也可以返回单元格中的对象，还可以返回数组中的元素。

第 2 点：此函数可以有 3 个参数，也可以有 4 个参数，这里只讲有 3 个参数的情况。

第 3 点：如果 INDEX 函数有 3 个参数，那么第 1 参数为数据源；第 2 参数为返回数据源的哪一行；第 3 参数为返回数据源的哪一列。

第 4 点：如果第 1 参数是一维引用单元格区域或者是一维数组，那么有两个参数就可以了。

第 5 点：如果第 2 参数为 0，那么返回数据源中第 3 参数整列中的值。

第 6 点：如果第 3 参数为 0，那么返回数据源中第 2 参数整行中的值。

案例 37　使用 INDEX 函数引用单元格区域中的数值

案例及公式如下图所示。下面使用 INDEX 函数引用 A2:C4 单元格区域中的值"曹丽"。

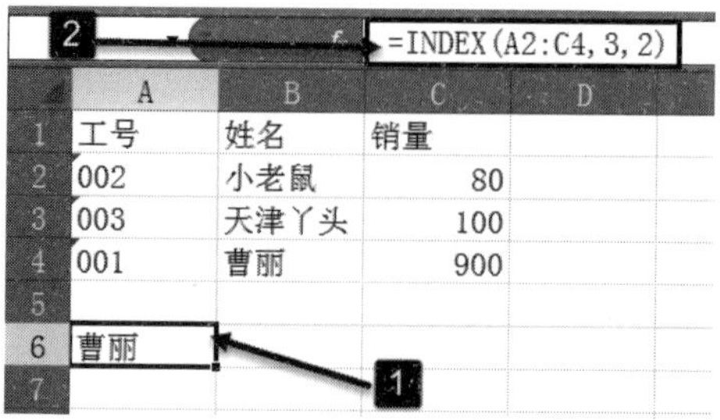

公式

=INDEX(A2:C4,3,2)

公式解释

这里引用的数据源为 A2:C4 单元格区域，而要引用的值"曹丽"在数据源中第 2 列的第 3 行，所以第 2 参数为 3，第 3 参数为 2。

> 本案例视频文件：02/案例 37 使用 INDEX 函数引用单元格区域中的数值

案例 38 使用 INDEX 函数实现反向查找

案例及公式如下图所示。下面使用 INDEX 函数根据工号反向查找对应的信息。

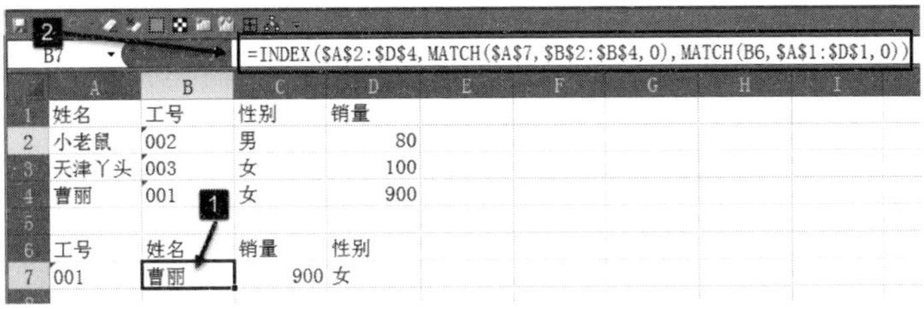

公式

=INDEX($A$2:$D$4,MATCH($A$7,$B$2:$B$4,0),MATCH(B6,$A$1:$D$1,0))

公式解释

第 1 参数：数据源，即单元格区域 A2:D4。

第 2 参数：使用 MATCH 函数查找行位置，根据工号定位在数据源的哪一行。

第 3 参数：使用 MATCH 函数查找列位置，根据第 6 行的列字段在第 1 行中查找对应的位置。

> 本案例视频文件：02/案例 38 使用 INDEX 函数实现反向查找

案例 39 使用 INDEX 函数动态查询每门科目的总分数

案例及公式如下图所示。这里要动态查询每一个科目的总分数。

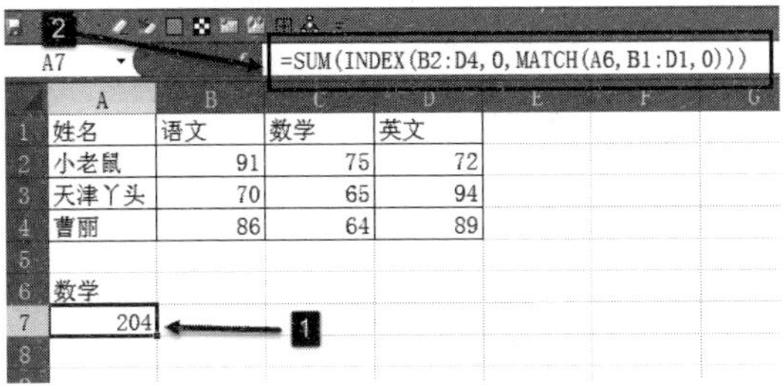

公式

=SUM(INDEX(B2:D4,0,MATCH(A6,B1:D1,0)))

公式解释

第1参数：数据源，即单元格区域B2:D4。

第2参数：0，当INDEX函数的第2参数为0时，引用第3参数在数据源中整列的数据。

第3参数：使用了MATCH函数，根据A6单元格中的内容到第1行中找到列位置。INDEX函数返回{75;65;64}，最后用SUM函数求和。

还可以选中公式INDEX(B2:D4,0,MATCH(A6,B1:D1,0))，然后按快捷键F9，便可以查看到结果{75;65;64}。

> 本案例视频文件：02/案例39 使用INDEX函数动态查询每门科目的总分数

2.2.6 OFFSET：引用函数②

公式：**=OFFSET(reference,rows,cols,height,width)**

要注意的知识点

第1点：OFFSET函数用于查找引用的某个内容。

第2点：OFFSET函数有5个参数，如果只是引用一个单元格，那么只用前3个参数就可以了。

第3点：如果要引用一个单元格区域，就要用到5个参数。

第4点：此函数的第1参数：参照的单元格；第2参数：偏移的行；第3参数：偏移的列；第4参数：行高；第5参数：列宽。

第5点：第2~5参数都支持正/负数，其中向下和向右查找为正数；向上和向左查找为负数。

案例40 使用OFFSET函数向下引用某个单元格中的内容

案例及公式如下图所示。下面使用OFFSET函数引用A6单元格中的内容"小老鼠"。

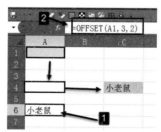

公式

=OFFSET(A1,3,2)

公式解释

在 A6 单元格中输入公式。

第 1 参数：参照单元格 A1，从 A1 单元格开始查找。

第 2 参数：向下偏移 3 行，找到 A4 单元格。

第 3 参数：从 A4 单元格开始向右偏移两列，找到 C4 单元格。

本案例视频文件：02/案例 40　使用 OFFSET 函数向下引用某个单元格中的内容

案例 41　使用 OFFSET 函数向上引用某个单元格中的内容

案例及公式如下图所示。这里使用 OFFSET 函数向上引用 A1 单元格中的内容。

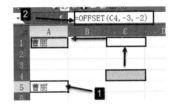

公式

=OFFSET(C4,-3,-2)

公式解释

第 1 参数：参照单元格 C4。

第 2 参数：−3，向上为负，偏移 3 行，找到 C1 单元格。

第 3 参数：−2，向左为负，偏移两列，找到 A1 单元格。

本案例视频文件：02/案例 41　使用 OFFSET 函数向上引用某个单元格中的内容

案例 42　使用 SUM 函数动态求每列的数量之和

案例及公式如下图所示。这里要动态地求每列的数量之和。

	A	B	C	D	E
1	1月	2月	3月	4月	5月
2	14	49	10	47	31
3	21	47	46	21	28
4	30	48	43	23	28
5	20	31	20	25	28
6					
7	3月				
8	119				

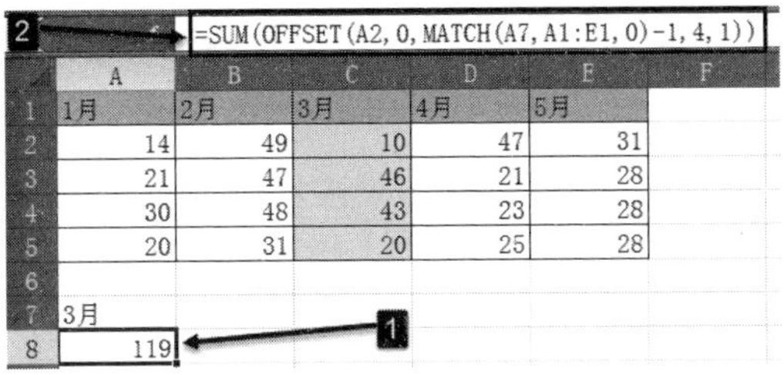

公式

=SUM(OFFSET(A2,0,MATCH(A7,A1:E1,0)-1,4,1))

公式解释

第 1 参数：参照单元格 A2。

第 2 参数：0，行不偏移，还是 A2 单元格。

第 3 参数：用 MATCH 函数获取数值，根据 A7 单元格中的月份值，到第 1 行中找到相应的位置，所以返回 3。为什么还要减 1？因为不包含本身列，所以为 3-1=2，也就是说第 2 参数相当于向右偏移 2 列，到了 C2 单元格。

第 4 参数：4，从 C2 单元格开始向下扩展 4 行。

第 5 参数：1，列宽为 1，得到单元格区域 C2:C5，然后求和。

▶ 本案例视频文件：02/案例 42 使用 SUM 函数动态求每列的数量之和

2.2.7　INDIRECT：引用函数③

公式：=INDIRECT(ref_text,a1)

要注意的知识点

第 1 点：INDIRECT 函数是一个引用函数，用于返回单元格里的值。

第 2 点：此函数有两个参数，第 1 参数：要处理的文本；第 2 参数：引用样式。

第 3 点：引用样式，有两种，一种是 A1 引用样式；另一种是 R1C1 引用样式。例如要引用 D9 单元格，用 A1 引用样式表示就是 D9；用 R1C1 引用样式表示就是 Row9Column4，即第 9 行的第 4 列，这里只取单词的第 1 个字母就变成了 R9C4。

第 4 点：如果第 1 参数为 A1 引用样式，那么第 2 参数用 1 或 TRUE，或者不写。

第 5 点：如果第 1 参数为 R1C1 引用样式，那么第 2 参数用 0 或 FALSE，或者为逗号。

案例 43　使用 INDIRECT 函数引用单元格中的值

案例及公式如下图所示。这里要引用 A 列中的"天津丫头"。

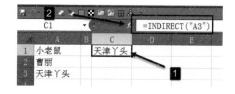

公式

=INDIRECT("A3")

公式解释

由于第 1 参数是 A1 引用样式，所以第 2 参数可以不写，也可以写成：=INDIRECT("A3",1)

或= INDIRECT("A3",TRUE)。

如果将第 1 参数换成 R1C1 引用样式，则公式为：

=INDIRECT("R3C1",);

=INDIRECT("R3C1",0);

=INDIRECT("R3C1", FASLE)。

▶ **本案例视频文件**：02/案例 43 使用 INDIRECT 函数引用单元格中的值

案例 44 使用 INDIRECT 函数根据工号查找姓名

案例及公式如下图所示。这里要根据工号查找姓名。

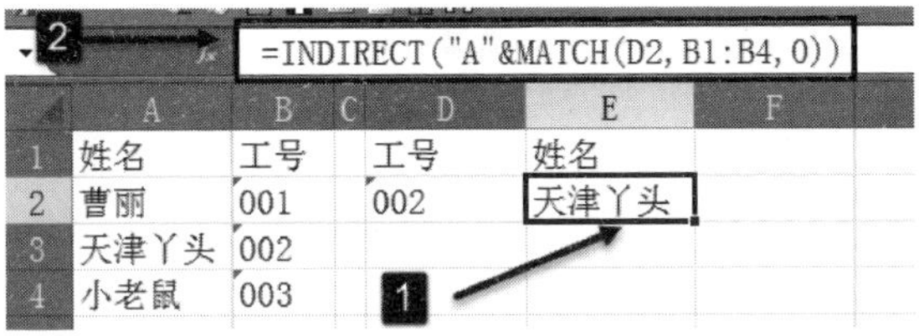

	A	B	C	D	E	F
1	姓名	工号		工号	姓名	
2	曹丽	001		002	天津丫头	
3	天津丫头	002				
4	小老鼠	003				

=INDIRECT("A"&MATCH(D2,B1:B4,0))

公式

=INDIRECT("A"&MATCH(D2,B1:B4,0))

公式解释

此公式用 MATCH 函数根据单元格 D2 中的工号"002"定位 B 列中对应的位置，找到位置（返回 3，与"A"组成 A3）后返回对应单元格中的字符串。

第 2 参数可以为 1 或者 TRUE，这里省略了。

当然也可以用 R1C1 引用样式表示，此时公式为=INDIRECT("R"&MATCH(D2,B1:B4,0)&"C1",0)。

▶ **本案例视频文件**：02/案例 44 使用 INDIRECT 函数根据工号查找姓名

2.2.8 CHOOSE：引用函数④

公式：=CHOOSE(index_num,value1,value2,...)

要注意的知识点

第 1 点：CHOOSE 函数也是一个引用函数，它的参数不确定，最多可以引用 254 个参数。

第 2 点：此函数有两个参数，第 1 参数：索引号；从第 2 参数开始编号为 1；第 3 参数编号为 2；第 4 参数编号为 3，依此类推。

第 3 点：第 1 参数也支持数组用法。

案例 45　使用 CHOOSE 函数引用单元格中的值

案例及公式如下图所示。这里要引用 A 列单元格中的值。

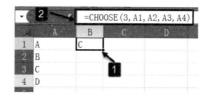

公式

=CHOOSE(3,A1,A2,A3,A4)

公式解释

第 1 参数：3，索引号是 3。

索引号 3 对应 A3 单元格，也就是返回 A3 单元格中的值。

▶ **本案例视频文件**：02/案例 45　使用 CHOOSE 函数引用单元格中的值

案例 46　更改列数据的位置

案例及公式如下图所示。

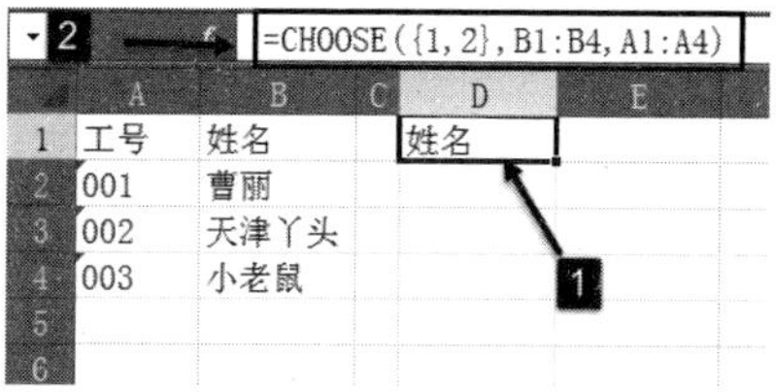

公式

=CHOOSE({1,2},B1:B4,A1:A4)

公式解释

第 1 参数：{1,2}，使用了数组，同时显示索引 1 和索引 2，索引 1 对应的是 B1:B4；索引 2 对应的是 A1:A4，且 B1:B4 显示在前，A1:A4 显示在后，从而起到更改列数据的位置的作用。

▶ **本案例视频文件**：02/案例 46　更改列数据的位置

案例 47　使用 VLOOKUP 函数轻松实现反向查找

案例及公式如下图所示。使用 VLOOKUP 函数可以根据姓名查找工号。

第 2 章 基础函数：打好基础，轻松实现数据处理

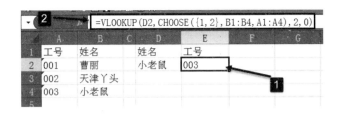

公式

=VLOOKUP(D2,CHOOSE({1,2},B1:B4,A1:A4),2,0)

公式解释

VLOOKUP 函数用于按首列查找，也就是查找值一定要在第 2 参数（数组）中的第 1 列。而在此案例中，姓名在第 2 列，工号在第 1 列，这里通过 CHOOSE 函数更改 A 列和 B 列的数据位置。

第 1 参数：D2，查找值为单元格 D2 中的值，即"小老鼠"。

第 2 参数：用 CHOOSE 函数作为第 2 参数。

第 3 参数：2，返回第 2 列的值，即工号。因为工号经过 CHOOSE 函数处理之后就是在数据源的第 2 列了。

第 4 参数：0，表示精确查找。

▶ 本案例视频文件：02/案例 47 使用 VLOOKUP 函数轻松实现反向查找

2.2.9 ROW：返回行号函数

公式：=ROW(reference)

要注意的知识点

第 1 点：ROW 函数用于返回行号，其可以有一个参数，也可以没有参数。

第 2 点：如果函数没有参数，那么公式在哪一个单元格中，就返回哪一个单元格的行号。

第 3 点：如果函数有参数，就返回这个参数所在行的行号。

第 4 点：参数也可以是单元格区域或者连续的行。

📖 **案例 48 使用 ROW 函数输入 26 个英文字母**

案例及公式如下图所示。这里要在 A 列中输入 26 个英文字母。

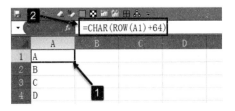

公式

=CHAR(ROW(A1)+64)

公式解释

ROW（A1）：返回 1，因为单元格 A1 的行号是 1，所以结果是 1+64=65；向下填充公式后 A1 变成 A2，ROW（A2）返回 2。

CHAR（65）：返回字母 A，CHAR 函数根据数字返回字符串，例如 CHAR（65）返回字母 A，CHAR（66）返回 B，依此类推。

当然也可以用公式=CHAR(ROW()+64)。ROW()返回 1，因为当前公式在 A1 单元格中，A1 单元格的行号是 1，所以结果是 1+64=65，将公式向下填充到 A2 单元格中，A2 单元格的行号是 2，所以结果是 2+64=66，依此类推。

▶ **本案例视频文件**：02/案例 48 用 ROW 函数输入 26 个英文字母

案例 49　使用 SUM 和 ROW 函数求从 1 加到 100 的结果

案例及公式如下图所示。使用 SUM 和 ROW 函数可以求从 1 加到 100 的结果。

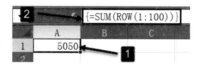

公式

=SUM(ROW(1:100))

公式解释

ROW(1:100)：生成结果 1;2;3;4;…;100。

可以在编辑栏里选中"ROW(1:100)"，然后按快捷键 F9 就可以生成 1~100 的数字。

这是数组公式，要将鼠标光标定位在编辑栏里，然后按快捷键 Ctrl+Shift+Enter。最后用 SUM 函数求和。

▶ **本案例视频文件**：02/案例 49 使用 SUM 和 ROW 函数求从 1 加到 100 的结果

2.2.10　COLUMN：返回列函数

公式：**=COLUMN(reference)**

要注意的知识点

第 1 点：COLUMN 函数可以返回列号，可以有一个参数，也可以没有参数。

第 2 章　基础函数：打好基础，轻松实现数据处理

第 2 点：如果此函数没有参数，那么公式在哪一个单元格中，就返回哪一个单元格的列号。

第 3 点：如果此函数有参数，就返回这个参数的列号。

第 4 点：参数可以是单元格区域或者连续的列。

案例 50　使用 COLUMN 函数计算数值

案例及公式如下图所示。这里要计算 COLUMN(B1)+98 的值。

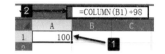

公式

=COLUMN(B1)+98

公式解释

COLUMN(B1)：返回 2。所示此公式的结果是 2+98=100。

本案例视频文件：02/案例 50　使用 COLUMN 函数计算数值

2.2.11　ADDRESS：单元格地址函数

公式：=ADDRESS(row_num,column_num,abs_num,a1,sheet_text)

要注意的知识点

第 1 点：ADDRESS 函数用于返回单元格中的文本。

第 2 点：此函数共有 5 个参数，第 1 参数：引用的行号；第 2 参数：引用的列号；第 3 参数：引用类型；第 4 参数：引用样式，第 5 参数：引用哪一个工作表。

第 3 点：在第 3 参数中，1 表示绝对引用；2 表示绝对行引用；3 表示绝对列引用；4 表示相对引用。

第 4 点：在第 4 参数中，0 表示返回 R1C1 引用样式，1 表示返回 A1 引用样式。

案例 51　使用 ADDRESS 函数根据列号返回对应的字母

案例及公式如下图所示。使用 ADDRESS 函数可以根据列号返回对应的字母。

公式

=SUBSTITUTE(ADDRESS(1,COLUMN(),4,1),1,"")

公式解释

第 1 参数：1，表示行号是 1。

第 2 参数：COLUMN()，向右复制公式会自动生成数列 1，2，3，…，表示列号。

第 3 参数：4，表示返回的是相对引用类型。

第 4 参数：1，表示返回的是 A1 引用样式。

第 5 参数：表示引用哪一个工作表，如果是引用当前工作表，则此参数可以省略。

最后用 SUBSTITUTE 函数把行号 1 替换成空，就得到列号字母了。

▶ 本案例视频文件：02/案例 51 使用 ADDRESS 函数根据列号返回对应的字母

2.2.12　TRANSPOSE：转置函数

公式：=TRANSPOSE(array)

要注意的知识点

第 1 点：TRANSPOSE 函数是转置函数。

第 2 点：此函数只有一个参数。

第 3 点：如果是转置单元格区域，则要先选好单元格区域，然后按快捷键 Ctrl+Shift+Enter。

🔍 **案例 52　使用 TRANSPOSE 函数把单元格区域中的内容横向显示**

案例及公式如下图所示。使用 TRANSPOSE 函数可以把单元格区域 A1:A4 中的内容横向显示。

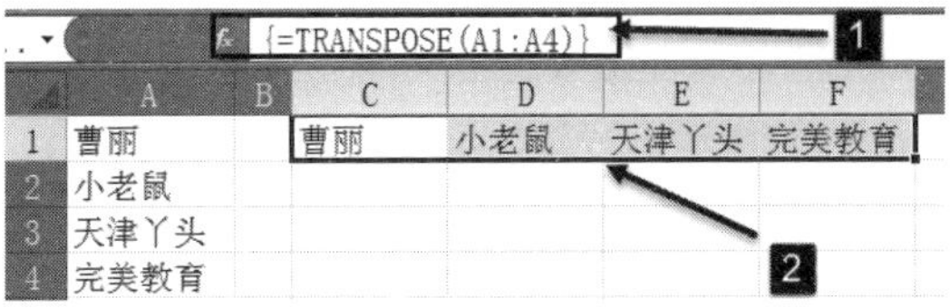

公式

=TRANSPOSE(A1:A4)

操作步骤

在 C1 单元格中输入公式=TRANSPOSE(A1:A4)，然后选中单元格区域 C1:F1，在编辑栏中按快捷键 Ctrl+Shift+ Enter，即可将 A1:A4 单元格中的内容横向显示。

▶ 本案例视频文件：02/案例 52 使用 TRANSPOSE 函数把单元格区域中的内容横向显示

2.2.13 HYPERLINK：超链接函数

公式：=HYPERLINK(link_location,friendly_name)
要注意的知识点
第1点：HYPERLINK函数是一个超链接函数。
第2点：此函数有两个参数，第1参数：超链接地址；第2参数：要显示的文本。
第3点：工作表名前面要加"#"符号。
第4点：如果工作表名中含有一些特殊的符号，则要在工作表名前面加一对单引号。

案例53　使用HYPERLINK函数为单元格中的值设置超链接

案例及公式如下图所示。使用HYPERLINK函数可以为A1单元格里的"完美论坛"设置超链接。

公式
=HYPERLINK("http://www.excelwm.net","完美论坛")
公式解释
在上面的公式中，第1参数是网址（http://www.excelwn.net）；第2参数是在单元格中显示的内容。

▶ 本案例视频文件：02/案例53　使用HYPERLINK函数为单元格中的值设置超链接

案例54　使用HYPERLINK函数实现单元格之间的跳转

案例及公式如下图所示。使用HYPERLINK函数可以实现单击A1单元格中的文本直接跳转到"(3)月份"工作表的A99单元格中。

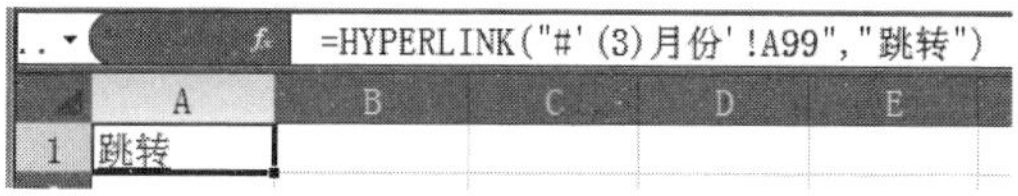

公式
=HYPERLINK("#'(3)月份'!A99","跳转")
公式解释
在工作表名前面一定要加一个"#"符号。

为什么要给工作表名加一对单引号？一般可以不加单引号，如果工作表名中含有特殊符号就要加，如"(3)月份"这个工作表名中有一对小括号，如果不加单引号，那么在单击文本时系统就会提示无法链接到对应的网址。

本案例视频文件：02/案例 54 使用 HYPERLINK 函数实现单元格之间的跳转

2.3 逻辑函数

2.3.1 IF：条件判断函数

公式：=IF(logical_test,value_if_true,value_if_false)

要注意的知识点

IF 函数有 3 个参数，第 1 参数：条件判断；第 2 参数：如果第 1 参数成立，就显示第 2 参数。第 3 参数：如果第 1 参数不成立，就显示第 3 参数。

案例 55 使用 IF 函数判断学生成绩：小于 60 分为不及格，否则为及格

案例及公式如下图所示。使用 IF 函数可以判断学生成绩：小于 60 分为不及格，否则为及格。

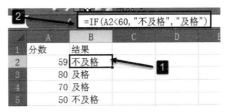

公式

=IF(A2<60,"不及格","及格")

公式解释

如果单元格 A2 中的值小于 60，那么就在单元格 B2 中显示"不及格"，否则就在单元格 B2 中显示"及格"。

本案例视频文件：02/案例 55 使用 IF 函数判断学生成绩：小于 60 分为不及格，否则为及格

案例 56　使用 IF 函数判断成绩

案例及公式如下图所示。这里要判断 A 列单元格中的值，如果小于 60，则判断为不及格；如果大于或等于 60 且小于 70，则判断为及格；如果大于或等于 70 且小于 80，则判断为良好；如果大于或等于 80，则判断为优秀。

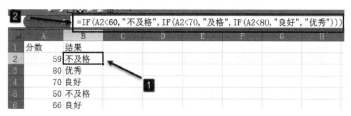

公式

=IF(A2<60,"不及格",IF(A2<70,"及格",IF(A2<80,"良好","优秀")))

公式解释

如果单元格 A2 中的值小于 60，则为不及格，否则就交给第 2 个 IF 函数进行判断。

第 2 个 IF 函数对单元格 A2 中的值再进行判断，如果小于 70，也就是为 60～69，则显示为及格，否则就交给第 3 个 IF 函数判断。

第 3 个 IF 函数对单元格 A2 中的值再进行判断，如果小于 80，也就是处于 70~79，则显示良好，否则就是大于或等于 80 的值，显示优秀，不再做判断。

上面是按从小到大的顺序判断数值的，当然我们也可以按从大到小的顺序判断数值，公式如下：

=IF(A2>=80,"优秀",IF(A2>=70,"良好",IF(A2>=60,"及格","不及格")))

本案例视频文件：02/案例 56　使用 IF 函数判断成绩

2.3.2　TRUE：逻辑真函数

公式：=TRUE()

要注意的知识点

第 1 点：TRUE 函数没有参数，返回逻辑值 TRUE。

第 2 点：在运算时，要把 TRUE 当作 1。

第 3 点：在判断时非 0 的数字被当作 TRUE。

案例 57　求 TRUE+TRUE 等于几

案例及公式如下图所示。

公式

=TRUE+TRUE

公式解释

在运算时，把 TRUE 当作 1，TRUE+TRUE 就是 1+1=2。

▶ 本案例视频文件：02/案例 57 求 TRUE+TRUE 等于几

2.3.3 FALSE：逻辑假函数

公式：**=FALSE()**

要注意的知识点

第 1 点：FALSE 函数没有参数，返回逻辑值 FALSE。

第 2 点：在运算时，要把 FASLE 当作 0。

第 3 点：在判断时，要把 0 当作 FALSE。

🔍 **案例 58　求 TRUE+FALSE 等于几**

案例及公式如下图所示。

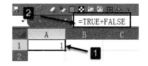

公式

=TRUE+FALSE

公式解释

▶ 本案例视频文件：02/案例 58 求 TRUE+FALSE 等于几

在运算时，把 TRUE 当作 1，把 FALSE 当作 0，TRUE+FALSE 即为 1+0=1。

🔍 **案例 59　使用 IF 函数把 0 值屏蔽**

案例及公式如下图所示。

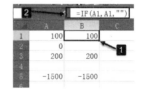

公式

=IF(A1,A1,"")

公式解释

由于单元格区域 A1:A5 中都是数值型数值，且根据"非 0 的数值为 TRUE"这个规则，所以 A1<>0，可以简写成 A1。此公式用于判断单元格中的数值，如果不是 0 就返回单元格本身的数值，否则就返回空（也就是什么也不显示）。原本的公式应该是=IF(A1<>0,A1,"")。

▶ 本案例视频文件：02/案例 59 使用 IF 函数把 0 值屏蔽

2.3.4 AND：检查所有参数是否为 TRUE 函数

公式：=AND(logical1,logical2,...)

要注意的知识点

第 1 点：AND 函数的参数不确定，可以是 255 个。

第 2 点：每一个参数都满足就返回 TRUE，否则就返回 FALSE。

📖 **案例 60 使用 AND 函数判断学生成绩：如果三科成绩都大于或等于 60 分就返回"通过"**

案例及公式如下图所示。使用 AND 函数可以判断学生成绩：如果三科成绩都大于或等于 60 分就返回"通过"。

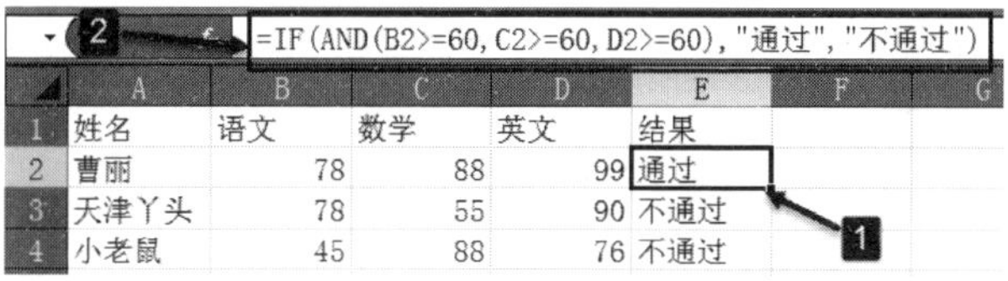

	A	B	C	D	E
1	姓名	语文	数学	英文	结果
2	曹丽	78	88	99	通过
3	天津丫头	78	55	90	不通过
4	小老鼠	45	88	76	不通过

公式

=IF(AND(B2>=60,C2>=60,D2>=60),"通过","不通过")

公式解释

AND 函数中有 3 个条件，3 个条件都要成立，才会返回 TRUE。

然后用 IF 函数判断，如果成立就返回"通过"；如果不成立就返回"不通过"。

▶ 本案例视频文件：02/案例 60 使用 AND 函数判断学生成绩：如果三科成绩都大于或等于 60 分就返回"通过"

2.3.5 OR：检查所有参数是否为 FALSE 函数

公式：=OR(logical1,logical2,...)

要注意的知识点

第 1 点：OR 函数的参数不确定，可以是 255 个。

第 2 点：只要有一个参数满足就返回 TRUE，全部不满足才返回 FALSE。

案例 61　使用 OR 函数判断学生成绩

案例及公式如下图所示。使用 OR 函数可以判断学生成绩：如果三科中有一科大于或等于 60 分，就返回"通过"。

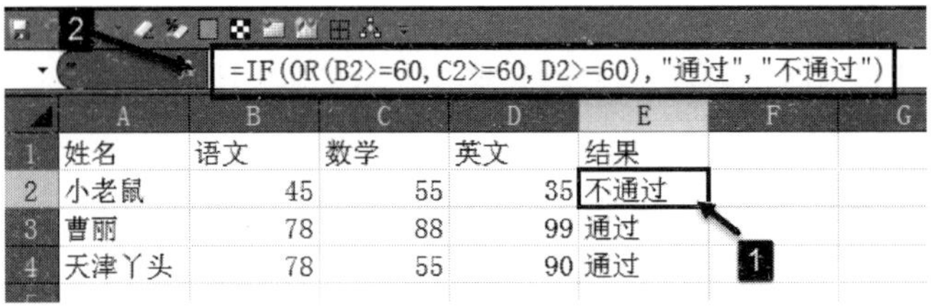

公式

=IF(OR(B2>=60,C2>=60,D2>=60),"通过","不通过")

公式解释

OR 函数中有 3 个条件，如果这 3 个条件都不成立，就返回 FALSE，如果 3 个条件有一个成立，就返回 TRUE。

OR 函数返回的结果作为 IF 函数的第 1 参数。

▶ 本案例视频文件：02/案例 61 使用 OR 函数判断学生成绩

2.3.6　NOT：相反函数

公式：=NOT(logical)

要注意的知识点

第 1 点：NOT 函数是对参数的逻辑值求反。

第 2 点：如果参数返回的是 TRUE，公式就会返回 FALSE。

案例 62　使用 NOT 函数判断参数的逻辑值

案例及公式如下图所示。使用 NOT 函数判断 1+2>4 返回的是什么。

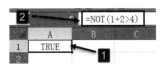

公式

=NOT(1+2>4)

公式解释

因为 1+2>4 返回 FALSE，所以公式=NOT(FALSE)返回 TRUE。

▶ 本案例视频文件：02/案例 62 使用 NOT 函数判断参数的逻辑值

2.3.7 IFERROR：屏蔽错误值函数

公式：**=IFERROR(value,value_if_error)**

要注意的知识点

第 1 点：IFERROR 函数在 Excel 2003 版本里没有，从 Excel 2007 版本开始才被引入。

第 2 点：此函数有两个参数，第 1 参数：要屏蔽错误值的原公式；第 2 参数：如果此函数的第 1 参数报错，就显示第 2 参数的值。

案例 63　使用 IFERROR 函数屏蔽公式中的错误值

案例及公式如下图所示。使用 IFERROR 函数可以屏蔽公式中的错误值。

	A	B	C	D
1	金额	数量	单价	
2	9	3	3	
3	100			
4	50	5	10	

C2 单元格公式：=IFERROR(A2/B2,"")

公式

=IFERROR(A2/B2,"")

公式解释

A3 单元格中的金额是 100，B3 单元格是空值，C3 单元格中的单价等于金额/数量，即 100/0。由于 0 不能作为除数，所以会报错，使用公式=IFERROR(A3/B3,"")会屏蔽错误值。

▶ 本案例视频文件：02/案例 63 使用 IFERROR 函数屏蔽公式中的错误值

2.4　日期和时间函数

2.4.1　YEAR：年函数

公式：**=YEAR(serial_number)**

要注意的知识点

第 1 点：YEAR 函数用于提取日期中的年份。

第 2 点：此函数只有一个参数。

第 3 点：日期作为此函数的参数。

案例 64　使用 YEAR 函数提取日期中的年份

案例及公式如下图所示。使用 YEAR 函数可以提取 A1 单元格中的日期的年份。

公式

=YEAR(A1)

公式解释

因为 2017-11-11 中的年份是 2017，所以公式=YEAR(A1)返回 2017。

本案例视频文件：02/案例 64　使用 YEAR 函数提取日期中的年份

2.4.2　MONTH：月函数

公式：=MONTH(serial_number)

要注意的知识点

第 1 点：MONTH 函数用于提取日期中的月份。

第 2 点：此函数只有一个参数。

第 3 点：日期作为此函数的参数。

案例 65　使用 MONTH 函数提取日期中的月份

案例及公式如下图所示。使用 MONTH 函数可以提取 A1 单元格中的月份。

公式

=MONTH(A1)

公式解释

A1 单元格中的值是 2017-11-11，其月份是 11，所以公式=MONTH(A1)返回 11。

第 2 章　基础函数：打好基础，轻松实现数据处理

> 本案例视频文件：02/案例 65 使用 MONTH 函数提取日期中的月份

2.4.3　DAY：日函数

公式：**=DAY(serial_number)**

要注意的知识点

第 1 点：DAY 函数用于提取日期中的日。

第 2 点：此函数只有一个参数。

第 3 点：日期作为此函数的参数。

案例 66　使用 DAY 函数提取日期中的日

案例及公式如下图所示。使用 DAY 函数可以提取 A1 单元格中的日。

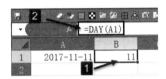

公式

=DAY(A1)

公式解释

因为 2017-11-11 中的日是 11，所以公式=DAY(A1)返回 11。

> 本案例视频文件：02/案例 66 使用 DAY 函数提取日期中的日

2.4.4　DATE：日期函数

公式：**=DATE(year,month,day)**

要注意的知识点

第 1 点：DATE 函数返回的是一个日期。

第 2 点：此函数有 3 个参数，第 1 参数：年；第 2 参数：月；第 3 参数：日。

案例 67　使用 DATE 函数根据年、月、日返回"年-月-日"格式的日期

案例及公式如下图所示。使用 DATE 函数可以根据年、月、日返回"年-月-日"格式的日期。

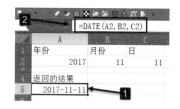

公式

=DATE(A2,B2,C2)

公式解释

DATE 函数返回的是一个日期，第 1 参数是年（2017），第 2 参数是月（11），第 3 参数是日（11），所以返回的是 2017-11-11。

> 本案例视频文件：02/案例 67 使用 DATE 函数根据年、月、日返回"年-月-日"格式的日期

2.4.5　EOMONTH：月末函数

公式：=EOMONTH(start_date,months)

要注意的知识点

第 1 点：EOMONTH 函数返回第 2 参数指定月份的最后一天。

第 2 点：此函数有两个参数，第 1 参数：日期；第 2 参数：指定在第 1 参数的月份上加多少个月，如果第 2 参数是 0，就表示第 1 参数当月的最后一天，如果第 2 参数是正数，就在第 1 参数的月份上加上第 2 参数的值，如果第 2 参数是负数，就在第 1 参数的月份上减去第 2 参数的值。

案例 68　使用 EOMONTH 函数统计每个月有多少天

案例及公式如下图所示。使用 EOMONTH 函数可以统计 2018 年的每个月有多少天。

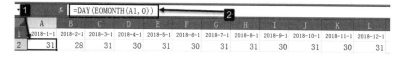

公式

=DAY(EOMONTH(A1,0))

公式解释

EOMONTH(A1,0)：第 1 参数是日期，第 2 参数是 0，表示返回本日期当月的最后一天。然后用 DAY 函数把这个月的天数提取出来。

> 本案例视频文件：02/案例 68 使用 EOMONTH 函数统计每个月有多少天

2.4.6 HOUR：时函数

公式：**=HOUR(serial_number)**

要注意的知识点

第 1 点：HOUR 函数用于根据时间返回小时数。

第 2 点：此函数只有一个参数。

案例 69　使用 HOUR 函数提取时间中的小时数

案例及公式如下图所示。使用 HOUR 函数可以提取 A1 单元格中的小时数。

公式

=HOUR(A1)

公式解释

A1 单元格中的值是 14:05:28。14:05:28 的小时数是 14，所以=HOUR(A1)返回 14。

本案例视频文件：02/案例 69 使用 HOUR 函数提取时间中的小时数

2.4.7 MINUTE：分函数

公式：**=MINUTE(serial_number)**

要注意的知识点

第 1 点：MINUTE 函数用于根据时间返回分钟数。

第 2 点：此函数只有一个参数。

案例 70　使用 MINUTE 函数提取时间中的分钟数

案例及公式如下图所示。使用 MINUTE 函数可以提取 A1 单元格中的分钟数。

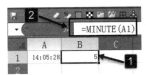

公式

=MINUTE(A1)

公式解释

A1 单元格中的值是 14:05:28。14:05:28 中的分钟数是 5，所以=MINUTE(A1)返回 5。

▶ 本案例视频文件：02/案例 70 使用 MINUTE 函数提取时间中的分钟数

2.4.8 SECOND：秒函数

公式：**=SECOND(serial_number)**

要注意的知识点

第 1 点：SECOND 函数用于根据时间返回秒数。

第 2 点：此函数只有一个参数。

📖 **案例 71 使用 SECOND 函数提取时间中的秒数**

案例及公式如下图所示。使用 SECOND 函数可以提取 A1 单元格中的秒数。

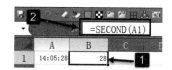

公式

=SECOND(A1)

公式解释

A1 单元格中的值是 14:05:28。14:05:28 的秒数是 28，所以=SECOND(A1)返回 28。

▶ 本案例视频文件：02/案例 71 使用 SECOND 函数提取时间中的秒数

2.4.9 NOW：系统时间函数

公式：**=NOW()**

要注意的知识点

第 1 点：NOW 函数没有参数，返回当前系统的日期和时间。

第 2 点：使用此函数的前提条件是电脑系统的时间是对的。

📖 **案例 72 使用 NOW 函数返回当前日期和时间**

案例及公式如下图所示。使用 NOW 函数可以返回当前日期和时间。

第 2 章 基础函数：打好基础，轻松实现数据处理

公式

=NOW()

公式解释

我写这个函数的时间是 2019-11-11 14:27，所以这个函数返回的是 2019-11-11 14:27。

▶ 本案例视频文件：02/案例 72 使用 NOW 函数返回当前日期和时间

2.4.10 TODAY：系统日期函数

公式：**=TODAY()**

要注意的知识点

第 1 点：TODAY 函数没有参数，返回现在的日期。

第 2 点：使用此函数的前提条件是电脑系统的日期是对的。

案例 73 使用 TODAY 函数返回当前日期

案例及公式如下图所示。使用 TODAY 函数可以返回当前日期。

公式

=TODAY()

公式解释

我写这个函数的日期是 2019-11-11，所以这个函数返回的是 2019-11-11 。

▶ 本案例视频文件：02/案例 73 使用 TODAY 函数返回当前日期

2.4.11 WEEKDAY：计算星期几函数

公式：**=WEEKDAY(serial_number,return_type)**

要注意的知识点

第 1 点：WEEKDAY 函数可以计算日期是星期几。

第 2 点：此函数有两个参数，第 1 参数：要处理的日期；第 2 参数：将哪一天当作一个星期的第一天。

第 3 点：第 2 参数用 2 符合中国人的习惯，因为中国人习惯星期一是一个星期的第一天，星期天是一个星期的最后一天，也就是第 7 天。

第 4 点：第 2 参数用 1，则星期日是一个星期的第一天，星期六是一个星期的最后一天。

案例 74　使用 WEEKDAY 函数高亮显示星期六和星期日

使用 WEEKDAY 函数可以高亮显示星期六和星期日，可以在"新建格式规则"对话框中设置，如下图所示。

公式

=WEEKDAY(A$1,2)>5

公式解释

WEEKDAY 函数的第 1 参数：要处理的日期。

WEEKDAY 函数的第 2 参数为 2，表示星期六是一个星期的第 6 天，星期天是一个星期的第 7 天，所以设置 WEEKDAY 返回的值大于 5 表示返回的不是星期六就是星期天。

操作步骤

步骤 1：选中单元格区域 A1:I2。

步骤 2：选择"开始"—"样式"—"条件格式"—"新建规则"选项，如左下图所示。

步骤 3：在弹出的对话框中选择"使用公式确定要设置格式的单元格"选项，在"为符合此公式的值设置格式"文本框中输入公式：=WEEKDAY(A$1,2)>5，然后单击"格式"按钮，如右下图所示。

第 2 章　基础函数：打好基础，轻松实现数据处理

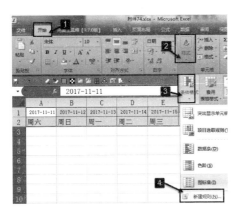

步骤 4：选择"填充"选项卡，在其中选择绿色，单击"确定"按钮，再次单击"确定"按钮就好了，如下图所示。

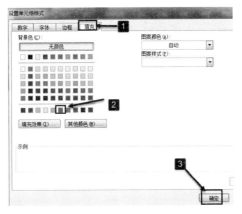

▶ **本案例视频文件**：02/案例 74 使用 WEEKDAY 函数高亮显示星期六和星期日

2.4.12　DATEDIF：日期处理函数

公式：**=DATEDIF()**

要注意的知识点

第 1 点：DATEDIF 函数是一个隐藏函数，在工作表函数列表中没有此函数，在 Excel 的帮助文档里也没有关于此函数的说明。

第 2 点：此函数用于计算两个日期之间相差多少，具体按什么来计算，由这个函数的第 2 参数决定。

第 3 点：此函数有 3 个参数，第 1 参数：起始日期；第 2 参数：结束日期；第 3 参数：计算方式。

第 4 点：注意，结束日期一定要大于起始日期，也就是要晚于起始日期，否则系统会报错。

第 5 点：第 3 参数请参考下面的用法。

y：返回两日期相差的整年数。

m：返回两日期相差的整月数。

d：返回两日期相差的整天数。

md：返回两日期相差的天数，忽略年和月，如果结束的日期不够减，则会借用第 2 参数的 1 个月的天数。

ym：返回两日期相差的月数，忽略年和日，如果结束的月数不够减，则会借用第 2 参数年数的值（即 1 年），月数自动转为 12 个月再加上第 2 参数的月数。

yd：返回两日期相差的天数，忽略年，按照月、日计算天数。

案例 75 使用 DATEDIF 函数根据出生日期计算年龄

案例及公式如下图所示。使用 DATEDIF 函数可以计算出生于"1976-9-8"的人到"2017-11-11"时多少岁。

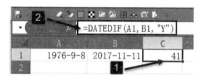

公式

=DATEDIF(A1,B1,"Y")

公式解释

第 1 参数：起始日期是 A1 单元格中的日期。

第 2 参数：结束日期是 B1 单元格中的日期。

第 3 参数：用 Y 表示计算两个日期相差多少年，结果返回 41。

本案例视频文件：02/案例 75 使用 DATEDIF 函数根据出生日期计算年龄

2.5 其他函数

2.5.1 AVERAGE：求平均值函数

公式：**=AVERAGE(row_num,column_num,abs_num,a1,sheet_text)**

第 2 章　基础函数：打好基础，轻松实现数据处理

要注意的知识点
第 1 点：AVERAGE 函数用于求平均值。
第 2 点：此函数的参数不支持错误值。

案例 76　使用 AVERAGE 函数求单元格区域的平均值

案例及公式如下图所示。使用 AVERAGE 函数可以求单元格区域 A1:A3 的平均值。

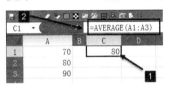

公式
=AVERAGE(A1:A3)

公式解释
A1:A3 这 3 个单元格的平均值刚好是 80。

本案例视频文件：02/案例 76 使用 AVERAGE 函数求单元格区域的平均值

2.5.2　AVERAGEIF：单条件求平均值函数

公式：=AVERAGEIF(range,criteria,average_range)

要注意的知识点
第 1 点：AVERAGEIF 函数用于按条件求平均值。
第 2 点：此函数有 3 个参数，第 1 参数：条件所应用的区域；第 2 参数：条件；第 3 参数：求平均值的数据区域。
第 3 点：如果第 3 参数和第 1 参数一样，那么第 3 参数可以不写。

案例 77　使用 AVERAGEIF 函数求单元格区域中大于或等于某个值的值的平均值

案例及公式如下图所示。使用 AVERAGEIF 函数可以求 A1:A4 单元格区域中大于或等于 90 的值的平均值。

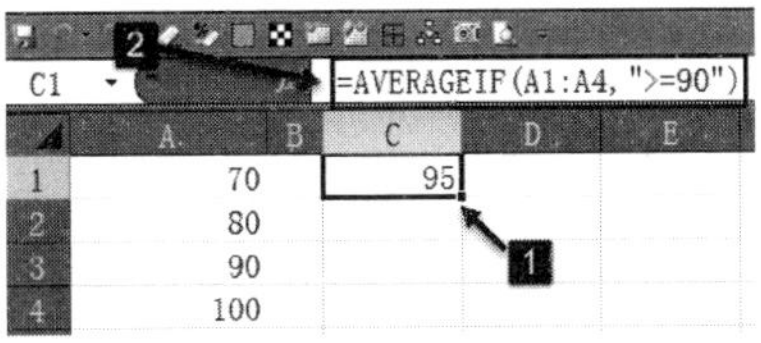

公式

=AVERAGEIF(A1:A4,">=90")

公式解释

第 1 参数：单元格区域 A1:A4，即条件所应用的区域。

第 2 参数：条件，即大于或等于 90。

第 3 参数：和第 1 参数一样，所以第 3 参数可以省略。

> ▶ **本案例视频文件**：02/案例 77 使用 AVERAGEIF 函数求单元格区域中大于或等于某个值的值的平均值

2.5.3　AVERAGEIFS：多条件求平均值函数

公式：=AVERAGEIFS(average_range,criteria_range,criteria,...)

要注意的知识点

第 1 点：AVERAGEIFS 函数用于多条件求平均值。

第 2 点：此函数的参数不确定。举个例子说明，如果有两个条件，即 5 个参数，则第 1 参数：求平均值的区域；第 2 参数：条件 1 所应用的区域；第 3 参数：条件 1；第 4 参数：条件 2 所应用的区域；第 5 参数：条件 2。

第 4 点：此函数是 Excel 2007 版本及以上版本才有的。

📖 案例 78　使用 AVERAGEIFS 函数求大于 300 且小于 800 的值的平均值

案例及公式如下图所示。此公式要求 A1:A5 单元格区域中大于 300 且小于 800 的值的平均值。

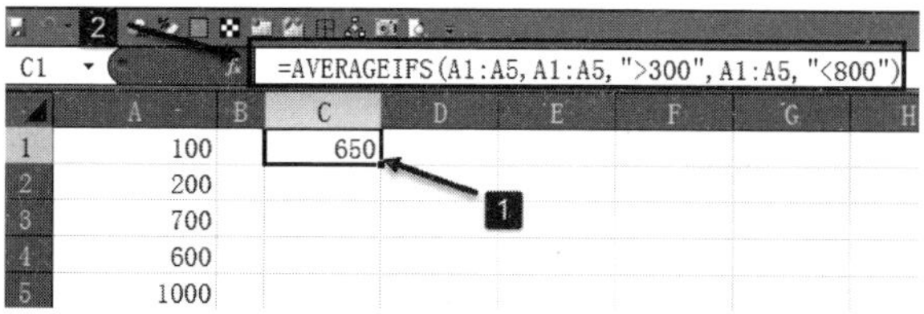

公式

=AVERAGEIFS(A1:A5,A1:A5,">300",A1:A5,"<800")

公式解释

第 1 参数：要求平均值的单元格区域 A1:A5。

第 2 参数：条件 1 所应用的单元格区域 A1:A5。

第 3 参数：条件 1，即>300。

第 4 参数：条件 2 所应用的单元格区域。
第 5 参数：条件 2，即<800。

▶ 本案例视频文件：02/案例 78 使用 AVERAGEIFS 函数求大于 300 且小于 800 的值的平均值

2.5.4　COUNT：计算数字个数函数

公式：=COUNT(value1,value2,...)
要注意的知识点
第 1 点：COUNT 函数用于统计数值型数据的个数，且包含错误值。
第 2 点：此函数只有一个参数。

📖 **案例 79　使用 COUNT 函数统计单元格区域中的数据有多少个为数值型**

案例及公式如下图所示。使用 COUNT 函数可以统计 A1:A5 单元格区域中的数据有多少个为数值型的。

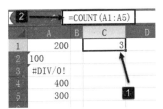

公式
=COUNT(A1:A5)
公式解释
COUNT 函数用于统计数值型数据的个数，其中 A2 单元格中是文本型数据，所以返回 3。

▶ 本案例视频文件：02/案例 79 使用 COUNT 函数统计单元格区域中的数据有多少个为数值型

2.5.5　COUNTA：非空计数函数

公式：=COUNTA(value1,value2,...)
要注意的知识点
COUNTA 函数用于统计非空单元格的个数。

案例 80　统计单元格区域中非空单元格的个数

案例及公式如下图所示。这里统计 A1:A5 单元格区域中非空单元格的个数。

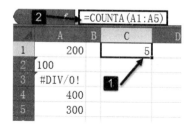

公式

=COUNTA(A1:A5)

公式解释

在使用 COUNTA 函数统计数据时，错误值数据也会被统计。

本案例视频文件：02/案例 80 统计单元格区域中非空单元格的个数

2.5.6　COUNTIF：单条件计数函数

公式：=COUNTIF(range,criteria)

要注意的知识点

第 1 点：COUNTIF 函数用于按条件统计数据个数。

第 2 点：此函数有两个参数，第 1 参数：条件所应用的单元格区域（一定要是单元格区域）；第 2 参数：条件。

案例 81　使用 COUNTIF 函数统计字符

案例及公式如下图所示。这里要统计 A1:A5 单元格区域中有多少个男的。

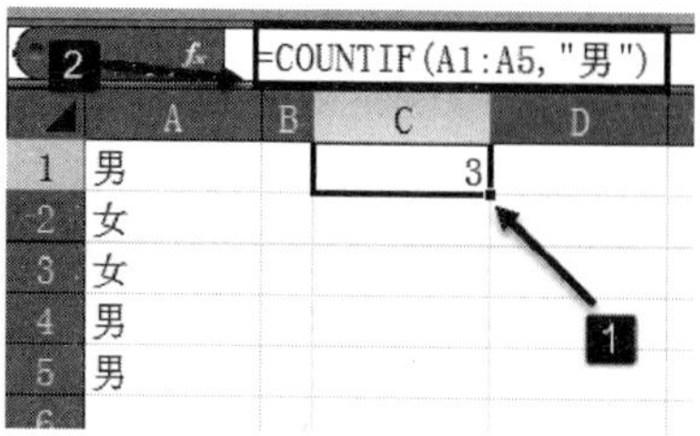

公式

=COUNTIF(A1:A5,"男")

公式解释

第 1 参数：要统计的条件所应用的单元格区域。

第 2 参数：条件是"男"。

▶ 本案例视频文件：02/案例 81 使用 COUNTIF 函数统计字符

2.5.7 COUNTIFS：多条件计数函数

公式：=COUNTIFS(criteria_range,criteria,...)

要注意的知识点

第 1 点：COUNTIFS 函数的参数不确定。

第 2 点：此函数如果有 1 个条件，则有 2 个参数，其中第 1 参数：条件所在的区域；第 2 参数：条件。

第 3 点：此函数如果有 2 个条件，则有 4 个参数，其中第 1 参数：条件 1 所在的区域；第 2 参数：条件 1；第 3 参数：条件 2 所在的区域；第 4 参数：条件 2，依此类推。

第 4 点：此函数的作用是多条件计数。

📖 **案例 82 使用 COUNTIFS 函数统计业务员是"曹丽"且销量大于 500 的记录个数**

案例及公式如下图所示。这里使用 COUNTIFS 函数统计业务员是"曹丽"且销量大于 500 的记录的个数。

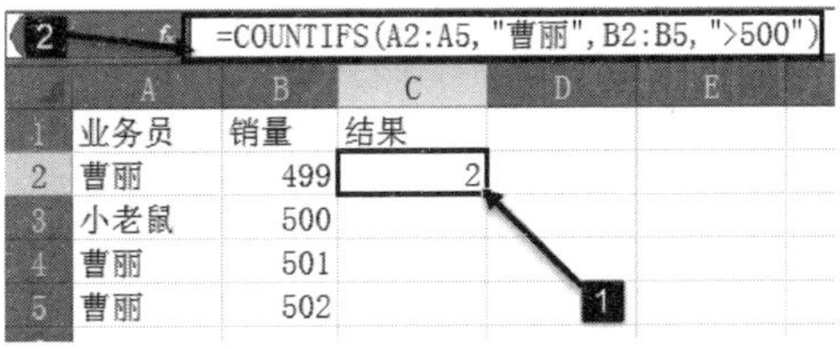

	A	B	C	D	E
1	业务员	销量	结果		
2	曹丽	499	2		
3	小老鼠	500			
4	曹丽	501			
5	曹丽	502			

C2 单元格公式：=COUNTIFS(A2:A5,"曹丽",B2:B5,">500")

公式

=COUNTIFS(A2:A5,"曹丽",B2:B5,">500")

公式解释

A2:A5 为条件 1 所应用的区域。"曹丽"是条件 1。

B2:B5 为条件 2 所应用的区域。">500"是条件 2。

▶ 本案例视频文件：02/案例 82 使用 COUNTIFS 函数统计业务员是"曹丽"且销量大于 500 的记录个数

2.5.8 SUM：求和函数

公式：=SUM(number1,number2,...)

要注意的知识点

第1点：SUM函数用于求和。

第2点：此函数不能计算错误值。

> 案例83　使用SUM函数求多个工作表中的值的和，但不包括当前的工作表

案例及公式如下图所示。使用SUM函数可以求多个工作表中A1单元格中的值的和，但不包括当前的工作表，如下图所示。

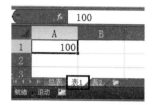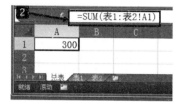

公式

=SUM('*'!A1)

公式解释

在当前表（总表）的A1单元格中输入公式=SUM('*'!A1)，然后按Enter键，公式会自动变成=SUM(表 1:表 2!A1)。

公式里的星号表示包括所有工作表，但不包含当前工作表。

> 本案例视频文件：02/案例83 使用SUM函数求多个工作表中的值的和，但不包括当前的工作表

2.5.9 SUMPRODUCT：计算乘积之和函数

公式：=SUMPRODUCT(array1,array2,array3,...)

要注意的知识点

第1点：SUMPRODUCT函数是将其每一个参数对应的值相乘后再相加。

第2点：这个函数不支持逻辑值直接运算，如果有逻辑值，则要通过N函数转换一下。

案例 84　使用 SUMPRODUCT 函数求产品名称是 A 且型号是大号的产品数量

案例及公式如下图所示。使用 SUMPRODUCT 函数可以求产品名称是 A 且型号是大号的产品数量。

=SUMPRODUCT(N(A2:A6=A2),N(B2:B6="大"),C2:C6)

	A	B	C	D	E
1	产品名称	型号	数量		结果
2	A	大	100		300
3	A	大	200		
4	B	小	300		
5	B	小	400		
6	A	小	500		

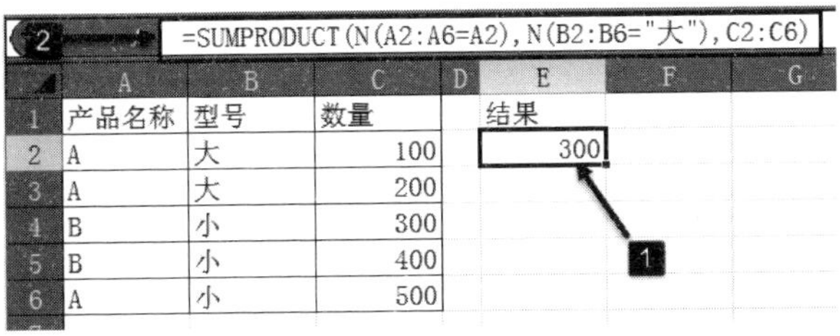

公式

=SUMPRODUCT(N(A2:A6=A2),N(B2:B6="大"),C2:C6)

公式解释

此公式中的两个条件前面都加了 N 函数来处理数据，这是因为 SUMPRODUCT 函数不直接支持逻辑值计算，且两个条件中间用逗号分开，作为第 1 参数和第 2 参数。

当然，也可以将两个条件相乘，公式为=SUMPRODUCT((A2:A6="A")*(B2:B6="大")*(C2:C6))。

本案例视频文件：02/案例 84 使用 SUMPRODUCT 函数求产品名称是 A 且型号是大号的数量

2.5.10　PRODUCT：计算所有参数的乘积函数

公式：=PRODUCT(number1,number2,...)

要注意的知识点

PRODUCT 函数是求其各个参数对应的值的乘积。

案例 85　使用 PRODUCT 函数计算体积

案例及公式如下图所示。使用 PRODUCT 函数可以根据 A2:C2 单元格区域中的值计算体积。

=PRODUCT(A2,B2,C2)

	A	B	C	D
1	长	宽	高	体积
2	2	3	5	30

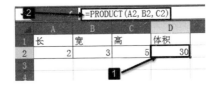

公式
=PRODUCT(A2,B2,C2)
公式解释
此函数为求各个参数对应的值的乘积，也可以写成=PRODUCT(A2:C2)。

▶ 本案例视频文件：02/案例 85 计算体积

2.5.11 SUMIF：单条件求和函数

公式：=SUMIF(range,criteria,sum_range)
要注意的知识点
第 1 点：SUMIF 函数的作用是按条件求和。
第 2 点：第 1 参数一定要是引用的单元格区域。
第 3 点：第 1 参数也可以用这几个函数：INDEX、OFFSET、INDIRECT。
第 4 点：此函数的第 1 参数为条件所在的区域；第 2 参数为条件；第 3 参数为求和区域。

📖 **案例 86　使用 SUMIF 函数汇总数据**

案例及公式如下图所示。这里要汇总姓名为"曹丽"对应的数量。

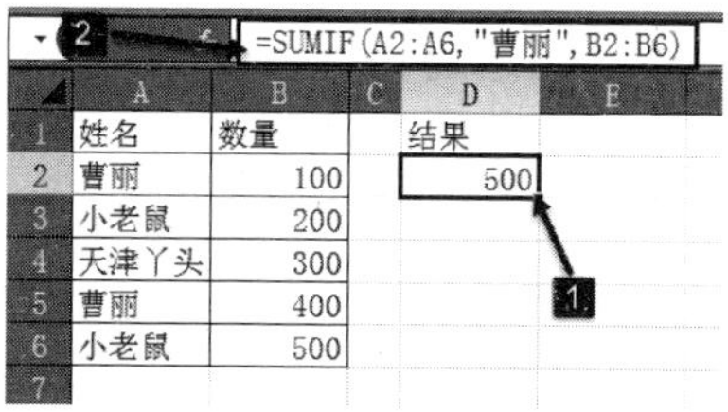

姓名	数量	结果
曹丽	100	500
小老鼠	200	
天津丫头	300	
曹丽	400	
小老鼠	500	

=SUMIF(A2:A6,"曹丽",B2:B6)

公式
=SUMIF(A2:A6,"曹丽",B2:B6)
公式解释
第 3 参数（B2:B6）也可以简写为 B2，即公式为=SUMIF(A2:A6,"曹丽",B2)，也就是第 3 参数会根据第 1 参数自动匹配单元格区域。

▶ 本案例视频文件：02/案例 86 使用 SUMIF 函数汇总数据

2.5.12 SUMIFS：多条件求和函数

公式：=SUMIFS(sum_range,criteria_range,criteria,...)

要注意的知识点

第 1 点：SUMIFS 函数为多条件求和函数。

第 2 点：此函数的参数不确定，当有 1 个条件时，此函数就有 3 个参数；当有 2 个条件时，此函数就有 5 个参数，依此类推。

第 3 点：此函数的第 1 参数是求和区域，和 SUMIF 函数不同，SUMIF 函数的第 3 参数是求和区域。

案例 87　使用 SUMIFS 函数多条件求产品数量

案例及公式如下图所示。使用 SUMIFS 函数可以求产品名称为“A”且型号为“大”的产品数量。

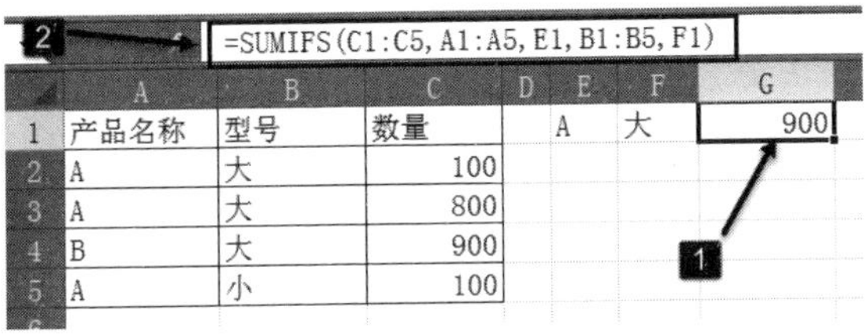

	A	B	C	D	E	F	G
1	产品名称	型号	数量		A	大	900
2	A	大	100				
3	A	大	800				
4	B	大	900				
5	A	小	100				

公式

=SUMIFS(C1:C5,A1:A5,E1,B1:B5,F1)

公式解释

其中 C1:C5 是求和单元格区域，A1:A5 是条件 1 所应用的区域；E1 是条件 1；B1:B5 是条件 2 应用的区域；F1 是条件 2。

本案例视频文件：02/案例 87　使用 SUMIFS 函数多条件求产品数量

2.5.13　MIN：最小值函数

公式：=MIN(number1,number2,...)

要注意的知识点

第 1 点：MIN 函数用于返回最小值。

第 2 点：MIN 函数的参数不能为错误值。

案例 88　使用 MIN 函数判断单元格中的数值

案例及公式如下图所示。这里要对 A 列中的数值进行判断，如果数值大于 100 则显示 100，否则显示数值本身。

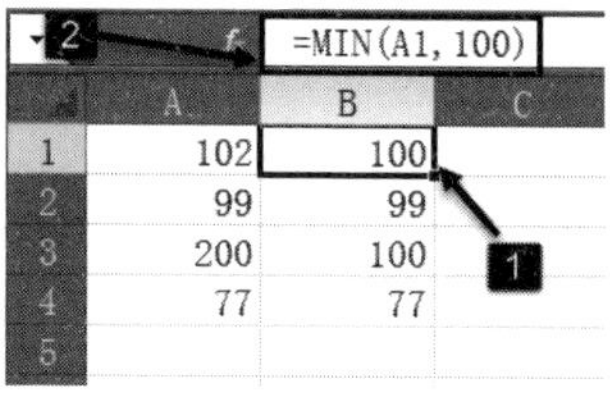

公式

=MIN(A1,100)

公式解释

如果单元格中的数值比 100 大，则显示最小值 100；如果单元格中的数值比 100 小，则最小值就是单元格中的数值，即显示单元格中的数值。此公式当然也可以用 IF 函数实现。

▶ 本案例视频文件：02/案例 88 使用 MIN 函数判断单元格中的数值

2.5.14 MAX：最大值函数

公式：**=MAX(number1,number2,...)**

要注意的知识点

第 1 点：MAX 函数用于返回最大值。

第 2 点：此函数的参数不能为错误值。

🔍 **案例 89　使用 MAX 函数判断单元格中的数值**

案例及公式如下图所示。使用 MAX 函数可以判断 A1 单元格中的数值，如果小于 100 就显示 100，否则显示单元格中的数值。

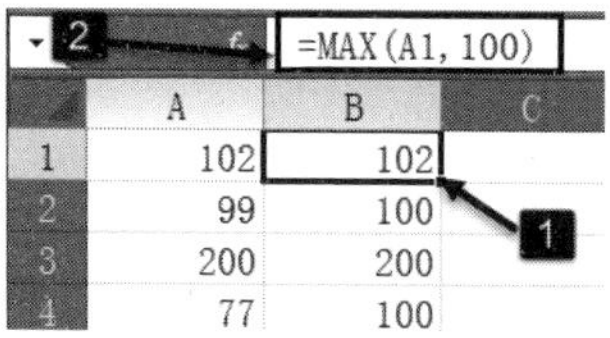

公式

=MAX(A1,100)

公式解释

如果 A1 单元格中的数值比 100 小，则 100 是最大值；如果单元格中的数值比 100 大，则单元格中的数值就是最大值。

▶ 本案例视频文件：02/案例 89 使用 MAX 函数判断单元格中的数值

2.5.15 SMALL：返回第几个最小值函数

公式：=SMALL(array,k)

要注意的知识点

第 1 点：SMALL 函数用于返回第几个最小值。

第 2 点：此函数有两个参数，第 1 参数：数据源；第 2 参数：第几个最小值。

案例 90　使用 SMALL 函数升序排序单元格区域中的数值

案例及公式如下图所示。使用 SMALL 函数可以升序排序单元格区域 A1:A5 中的数值。

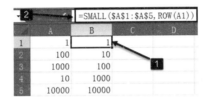

公式

=SMALL($A$1:$A$5,ROW(A1))

公式解释

将公式 ROW(A1)向下填充会产生数列 1,2,3,4,5,…

▶ 本案例视频文件：02/案例 90 使用 SMALL 函数升序排序单元格区域中的数值

2.5.16 LARGE：返回第几个最大值函数

公式：=LARGE(array,k)

要注意的知识点

第 1 点：LARGE 函数用于返回第几个最大值。

第 2 点：此函数有两个参数，第 1 参数：数据源；第 2 参数：第几个最大数值。

案例 91　使用 LARGE 函数降序排序单元格区域中的数值

案例及公式如下图所示。使用 LARGE 函数可以降序排序单元格区域 A1:A5 中的数值。

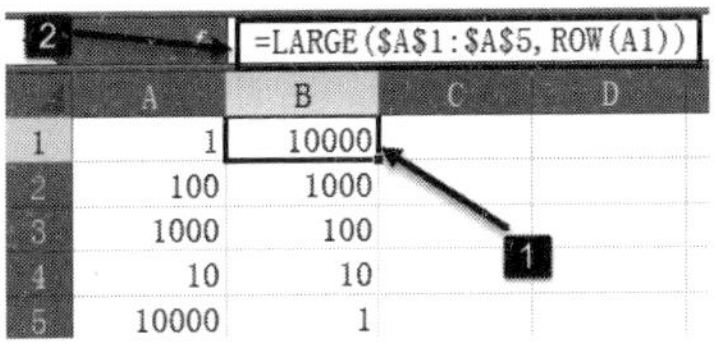

公式

=LARGE($A$1:$A$5,ROW(A1))

公式解释

将公式 ROW(A1)向下填充后会产生数列 1,2,3,4,5,…

▶ **本案例视频文件**：02/案例 91 使用 LARGE 函数降序排序单元格区域中的数值

2.5.17 SUBTOTAL：分类汇总函数

公式：**=SUBTOTAL(function_num,ref1,...)**

要注意的知识点

第 1 点：SUBTOTAL 函数可以忽略隐藏的行计算。

第 2 点：如果第 1 参数超过了 100，就可以实现隐藏行并不将其进行计算。

🔍 案例 92　使用 SUBTOTAL 函数给隐藏的行自动编号

案例及公式如下图所示。使用 SUBTOTAL 函数可以给隐藏的行自动编号。

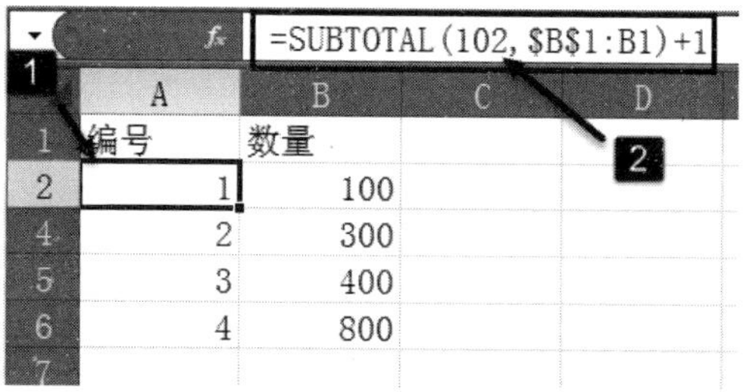

	A	B	C	D
1	编号	数量		
2	1	100		
4	2	300		
5	3	400		
6	4	800		
7				

（B2 单元格公式：=SUBTOTAL(102,$B$1:B1)+1）

公式

=SUBTOTAL(102,$B$1:B1)+1

公式解释

在此公式中，如果第 1 参数为 2，则将计算隐藏的行，相当于 COUNT 函数的作用；如果第 1 参数为 102，则将不计算隐藏的行。

使用 SUBTOTAL 函数计算不到最后一行，所以在公式中要从表头开始引用行，然后加 1，否则最后的结果将差一行数据。

▶ **本案例视频文件**：02/案例 92 使用 SUBTOTAL 函数给隐藏的行自动编号

2.5.18 ROUND：四舍五入函数

公式：=ROUND(number,num_digits)

要注意的知识点

第1点：ROUND函数用于对数值进行四舍五入。

第2点：此函数有两个参数，第1参数为要处理的数值，第2参数为保留几位小数。

案例93　使用ROUND函数将单元格区域中的数值保留两位小数

案例及公式如下图所示。使用ROUND函数可以将单元格区域A1:A5中的数值保留两位小数。

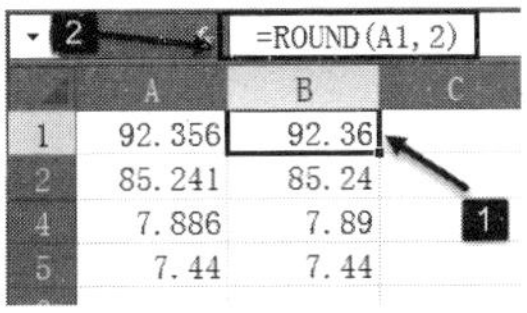

公式

=ROUND(A1,2)

公式解释

在此公式中，第1参数为要处理的数据，第2参数为保留两位小数。

本案例视频文件：02/案例93　使用ROUND函数将单元格区域中的数值保留两位小数

2.5.19 ROUNDDOWN：向下舍入函数

公式：=ROUNDDOWN(number,num_digits)

要注意的知识点

ROUNDDOWN函数用于向下舍入数字。

案例94　使用ROUNDDOWN函数保留一位小数，不进行四舍五入，全部舍弃

案例及公式如下图所示。使用ROUNDDOWN函数可以把单元格区域A1:A5中的数值保留一位小数，不进行四舍五入，全部舍弃。

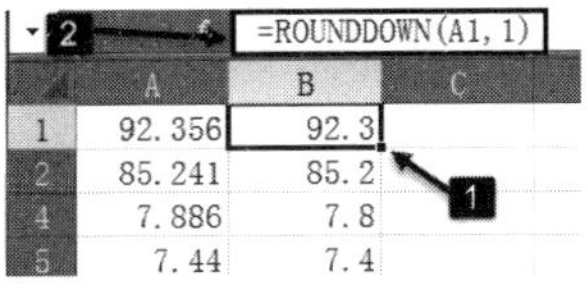

公式

=ROUNDDOWN(A1,1)

公式解释

在此公式中，第 1 参数为要处理的数值即 A1；第 2 参数为 1，即保留 1 位小数，但是，如果数值的百分位上的值大于或等于 5，则也不会向十分位上进位。

▶ **本案例视频文件**：02/案例 94 使用 ROUNDDOWN 函数保留一位小数，不进行四舍五入，全部舍弃

2.5.20 ROUNDUP：向上舍入函数

参数：=ROUNDUP(number,num_digits)
要注意的知识点
ROUNDUP 函数用于将小数向上进一位。

🔍 **案例 95 使用 ROUNDUP 函数保留一位小数，不进行四舍五入，全部进入**

案例及公式如下图所示。使用 ROUNDUP 函数可以把单元格区域中的数值保留一位小数，不进行四舍五入，全部进入。

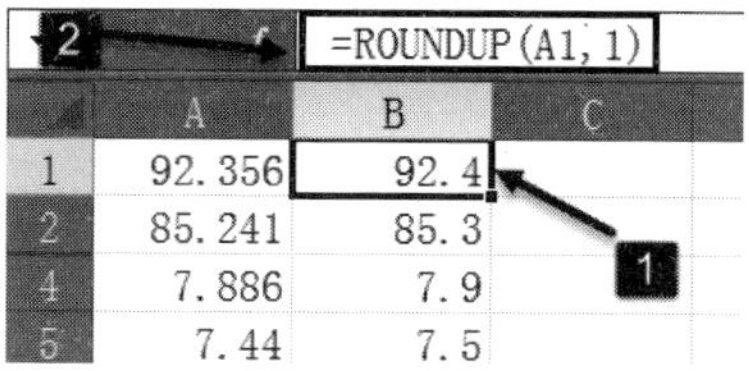

公式

=ROUNDUP(A1,1)

公式解释

在此公式中，ROUNDUP 函数有两个参数，第 1 参数：要处理的数据，即 A1；第 2 参数：1，即保留 1 位小数，但是如果数值百分位上的值小于 5，则也要向十分位进 1 位。

▶ **本案例视频文件**：02/案例 95 使用 ROUNDUP 函数保留一位小数，不进行四舍五入，全部进入

2.5.21 CEILING：按倍数向上进位函数

公式：=CEILING(number,significance)

要注意的知识点

第 1 点：CEILING 函数用于向上舍入为最接近指定参数的倍数。

第 2 点：CEILING 函数有两个参数，第 1 参数：要处理的数据；第 2 参数：按第 2 参数的倍数向上查找并返回最接近的值。

> 案例 96　使用 CEILING 函数进行数值舍入：十分位不足 5 就按 5 算，大于或等于 5 就向上进 1

案例及公式如下图所示。使用 CEILING 函数可以将十分位不足 5 就按 5 算，大于或等于 5 就向上进 1。

	A	B
1	1.51	2
2	1.2	1.5
4	1.9	2
5	1.1	1.5

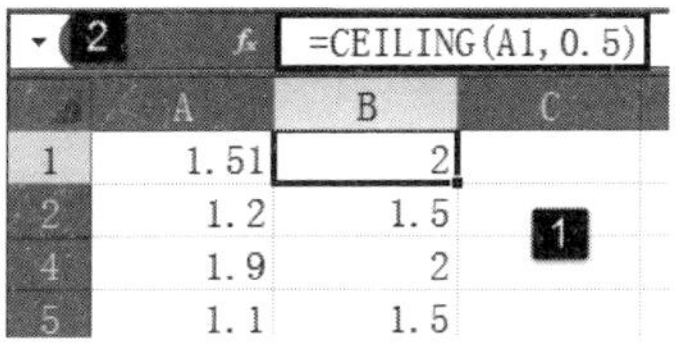

公式

=CEILING(A1,0.5)

公式解释

在此公式中，第 2 参数是 0.5。因为 A1 中的数值是 1.51，其十分位是 5，所以要向上进 1 并返回 0.5 的倍数。

如果要处理的数值是 1.2，十分位是 2，小于 5，则向上查找并返回大于 1.2 且是 0.5 的倍数。

> 本案例视频文件：02/案例 96 使用 CEILING 函数进行数值舍入：十分位不足 5 就按 5 算，大于或等于 5 就向上进 1

2.5.22　FLOOR：按倍数向下舍入函数

公式：**=FLOOR(number,significance)**

要注意的知识点

FLOOR 函数有两个参数，第 1 参数：要处理的数据；第 2 参数：按此数值的倍数向下查找并返回最接近的值。

> 案例 97　使用 FLOOR 函数进行数值舍入：十分位不足 5 就向下舍去，大于或等于 5 就按 5 算

案例及公式如下图所示。

使用 FLOOR 函数可以将单元格中的数值进行数值舍入，其中十分位不足 5 就舍去，大于或等于 5 就按 5 算。

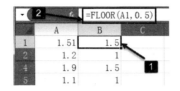

公式

=FLOOR(A1,0.5)

公式解释

假设要处理的数值是 1.51，因为十分位是 5，大于或等于 5，所以按 5 算。

假设要处理的数值是 1.2，因为十分位是 2，小于 5，所以舍去并返回 0.5 的倍数，因此返回 1。

> 本案例视频文件：02/案例 97 使用 FLOOR 函数进行数值舍入：十分位不足 5 向下舍去，大于或等于 5 就按 5 算

2.5.23　INT：取整函数

公式：=INT(number)

要注意的知识点

第 1 点：INT 函数是取整函数。

第 2 点：此函数只有一个参数。

案例 98　使用 INT 函数把日期提取出来

案例及公式如下图所示。使用 INT 函数可以提取 A 列数值中的日期。

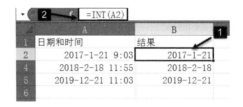

公式

=INT(A2)

公式解释

日期是整数，如果后面的时间数值超过 24 小时，则给日期加 1 天。

▶ 本案例视频文件：02/案例 98 使用 INT 函数把日期提取出来

2.5.24 MOD：取余函数

公式：**=MOD(number,divisor)**

要注意的知识点

MOD 函数是取余函数，返回两个数相除的余数。

案例 99　使用 MOD 函数求余数

案例及公式如下图所示。使用 MOD 函数可以求单元格区域 A1:A5 的行号除以 2 的余数。

公式

=MOD(ROW(),2)

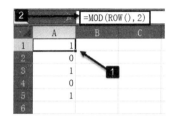

公式解释

A1 单元格的行号是 1，所以函数 ROW()返回 1；1 除以 2 的余数为 1，所以 A1 单元格中返回的结果为 1。将公式填充到 A2 单元格中则返回 2，因为 2 除以 2 的余数为 0，以此类推。

▶ 本案例视频文件：02/案例 99 使用 MOD 函数求余数

2.5.25 REPT：重复函数

公式：**=REPT(text,number_times)**

要注意的知识点

REPT 函数有两个参数，第 1 参数：要重复的数值；第 2 参数：重复的次数。

案例 100　使用 REPT 函数制作符号编号

案例及公式如下图所示。使用 REPT 函数可以制作如下图所示的特殊符号编号。

公式

=REPT("■",ROW(A1))

公式解释

在此公式中,第 1 参数是要重复的文本"■";将第 2 参数"ROW(A1)"向下填充会产生数列 1,2,3,…,也就是重复第 1 参数的次数。

> 本案例视频文件:02/案例 100 使用 REPT 函数制作符号编号

2.5.26　N:将非数值型数值转换为数值型数值函数

公式:=N(value)

要注意的知识点

第 1 点:在 N 函数中,数值型数值不变,TURE 会被转换为 1,错误值还是错误值,日期被转换为对应的数值,其他类型数值全部被转换为 0。

第 2 点:此函数只有一个参数,即要处理的数值。

案例 101　使用 N 函数将数值进行转换

案例及公式如下图所示。使用 N 函数可以把单元格区域 A1:A9 中的数值进行转换。

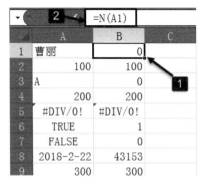

公式

=N(A1)

公式解释

文本型数值也被转换为 0。

> 本案例视频文件：02/案例 101 使用 N 函数将数值进行转换

2.5.27 ABS：取绝对值函数

公式：**=ABS(number)**

要注意的知识点

第 1 点：ABS 函数用于返回参数的绝对值。

第 2 点：此函数只有一个参数，即要处理的数值。

案例 102 使用 ABS 函数求绝对值

案例及公式如下图所示。使用 ABS 函数可以求单元格区域 A1:A5 中的数值的绝对值。

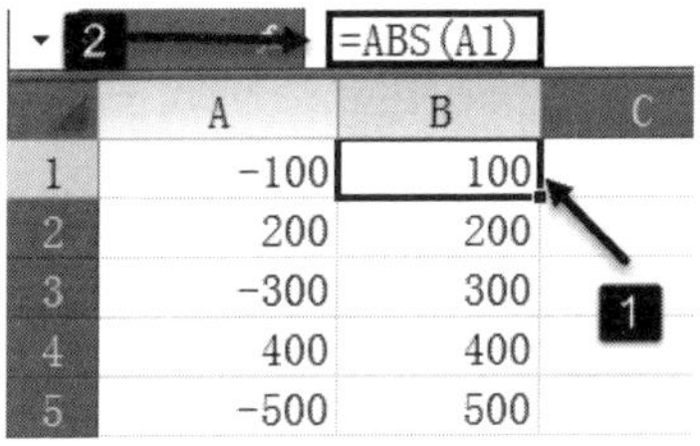

	A	B	C
1	-100	100	
2	200	200	
3	-300	300	
4	400	400	
5	-500	500	

公式

=ABS(A1)

公式解释

在此公式中把负数转换为正数，正数保持不变。

> 本案例视频文件：02/案例 102 使用 ABS 函数求绝对值

2.5.28 CELL：获取单元格信息函数

公式：**=CELL(info_type,reference)**

要注意的知识点

第 1 点：CELL 函数用于获取单元格中的信息。

第 2 点：此函数可以返回第 2 参数的左上角上的第一个单元格（如果第 2 参数为单元格区域）中的信息。

案例 103　使用 CELL 函数获取工作簿路径及工作表信息

案例及公式如下图所示。使用 CELL 函数可以获取路径工作簿及工作表信息。

公式

=CELL("filename")

公式解释

此公式可以获取工作簿路径及工作表信息，其中第 2 参数可以是任意一个单元格，也可以省略。

本案例视频文件：02/案例 103 使用 CELL 函数获取工作簿路径及工作表信息

2.5.29　ISNUMBER：检测是否为数值型数值函数

公式：**=ISNUMBER(value)**

要注意的知识点

第 1 点：ISNUMBER 函数只有一个参数。

第 2 点：此函数用于判断数值是否是数值型，如果是数值型，则返回 TRUE，否则返回 FALSE。

案例 104　使用 ISNUMBER 函数判断数值型数值

案例及公式如下图所示。使用 ISNUMBER 函数可以判断 A 列中的数值类型，如果是数值型则返回"Ok"。

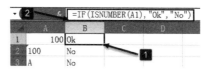

公式

=IF(ISNUMBER(A1),"Ok","No")

公式解释

ISNUMBER(A1)：如果 A1 单元格中是数值型数值,就返回 TRUE,否则就返回 FALSE。

本案例视频文件：02/案例 104 使用 ISNUMTER 函数判断数值型数值

2.5.30 ISTEXT：检测是否为文本函数

公式：**=ISTEXT(value)**

要注意的知识点

第 1 点：ISTEXT 函数用于判断单元格中的数值是否是文本型，如果是文本型就返回 TRUE，否则就返回 FALSE。

第 2 点：此函数只有一个参数，即要处理的数值。

案例 105　使用 ISTEXT 函数判断文本型数值

案例及公式如下图所示。使用 ISTEXT 函数可以判断 A 列单元格中的数值类型，如果是文本型就返回"Ok"。

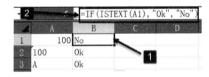

公式

=IF(ISTEXT(A1),"Ok","No")

公式解释

ISTEXT(A1)：如果 A1 单元格中的数值是文本型，则返回 TRUE，否则返回 FALSE。

本案例视频文件：02/案例 105　使用 ISTEXT 函数判断文本型数值

2.5.31 PHONETIC：另类文本字符连接函数

公式：**=PHONETIC(reference)**

要注意的知识点

PHONETIC 函数只连接文本型数值，数值型数值则被忽略。

案例 106　使用 PHONETIC 函数连接文本

案例及公式如下图所示。使用 PHONETIC 函数可以把 A～C 列中的数值连接起来放到 D 列中。

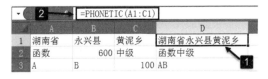

公式

=PHONETIC(A1:C1)

公式解释

使用 PHONETIC 函数可以把 A～C 列中的文本连接起来放到 D 列中。

在上图中，单元格 B2、C3 中的数值是数值型，所以被忽略。

▶ 本案例视频文件：02/案例 106 使用 PHONETIC 函数连接文本

2.5.32 RAND：取随机小数函数

公式：**=RAND()**

要注意的知识点

RAND 函数用于返回大于或等于 0 且小于 1 的随机数。

案例 107 使用 RAND 函数生成随机数

案例及公式如下图所示。使用 RAND 函数可以生成随机数。

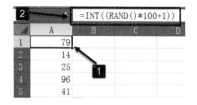

公式

=INT((RAND()*100+1))

公式解释

使用 RAND 函数可以在单元格区域 A1:A5 中生成 1~100 的随机数。

RAND()*100 用于产生 0～99 的随机数，然后加 1，就产生 1～100 的随机数，最后使用 INT 函数取整。

▶ 本案例视频文件：02/案例 107 使用 RAND 函数生成随机数

2.5.33 RANDBETWEEN：取随机整数函数

公式：**=RANDBETWEEN(bottom,top)**

要注意的知识点

第 1 点：RANDBETWEEN 函数在 Excel 2003 版本中没有，在 Excel 2007 及以上版本中才有。

第 2 点：此函数用于返回指定参数之间的随机整数。

案例 108　使用 RANDBETWEEN 函数生成指定大小的随机整数

案例及公式如下图所示。这里要在 A 列中生成指定大小的随机整数。

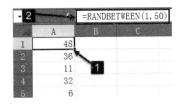

公式

=RANDBETWEEN(1,50)

公式解释

RANDBETWEEN 函数可以在单元格区域 A1:A5 中生成 1~50 的随机整数。

在此公式中，第 1 参数：随机数中的最小数；第 2 参数：随机数中的最大数。

▶ 本案例视频文件：02/案例 108 使用 RANDBETWEEN 函数生成指定大小的随机整数

2.5.34　MODE：取众数函数

公式：=MODE(number1,number2,…)

要注意的知识点

MODE 函数是一个取众数函数，返回一组数值中出现次数最多的数值。

案例 109　使用 MODE 函数判断出现次数最多的数值

案例及公式如下图所示。使用 MODE 函数可以判断单元格区域 A1:A5 中出现次数最多的数值是哪个。

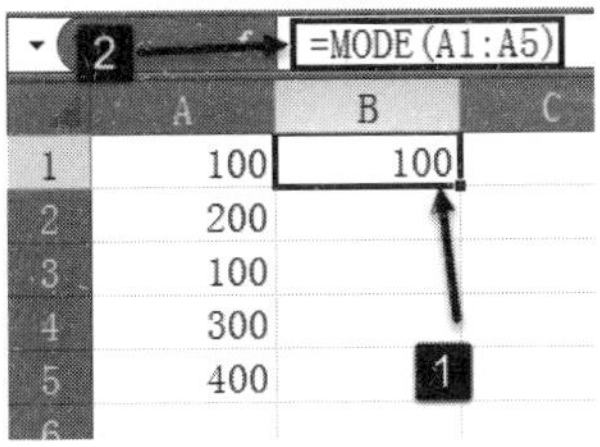

公式

=MODE(A1:A5)

公式解释

在单元格区域 A1:A5 中，100 出现 2 次，其他数值各出现 1 次，所以返回结果 100。

▶ 本案例视频文件：02/案例 109 使用 MODE 函数判断出现次数最多的数值

2.6 初级函数综合案例

案例 110 使用 TEXT 函数把秒数转换为分钟数

解法 1：用 TEXT 函数+86400 实现

案例及公式如下图所示。这里要将 A 列中的秒数转换为分钟数。

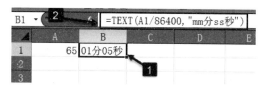

公式

=TEXT(A1/86400,"mm 分 ss 秒")

公式解释

A1 单元格中是秒数，现在要把秒数转换成分钟数。1 天的数值是 1，1 天是 24 小时，1 小时是 60 分钟，1 分钟是 60 秒，所以=1/(1*24*60*60)计算的是 1 秒的数值，即 1/86400 是 1 秒的数值。

A1/86400 得到 A1 单元格中的时间数值，最后用 TEXT 函数把数值显示成分和秒。

解法 2：用 TEXT+TIME 函数实现

案例及公式如下图所示。

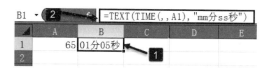

公式

=TEXT(TIME(,,A1),"mm 分 ss 秒")，完整的公式为=TEXT(TIME(0,0,A1),"mm 分 ss 秒")

公式解释

TIME 函数用于返回时间数值，它有 3 个参数，第 1 参数：小时数；第 2 参数：分钟数；第 3 参数：秒数。

通过 TIME(,,A1)会得到 A1 单元格中的时间数值。最后用 TEXT 函数显示我们要求的格式。

解法 3：用 INT+MOD 实现

案例及公式如下图所示。

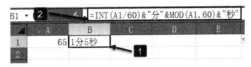

公式

=INT(A1/60)&"分"&MOD(A1,60)&"秒"

公式解释

INT(A1/60)：用秒数除以 60，再用 INT 函数取整得到分钟数。

MOD(A1,60)：这里使用取余函数 MOD，被除数是秒数，除数是 60，得到秒数。

然后将结果用&符号连接。

本案例视频文件：02/案例 110 使用 TEXT 函数把秒数转换为分钟数

案例 111　为什么使用 SUMIF 函数的求和结果是 0

案例如下图所示，其中 F1 单元格里的 ">70%" 是条件，C 列是条件所在的区域，B 列是求和区域，使用公式=SUMIF(C:C,F1,B:B)，为什么得出的结果是 0？

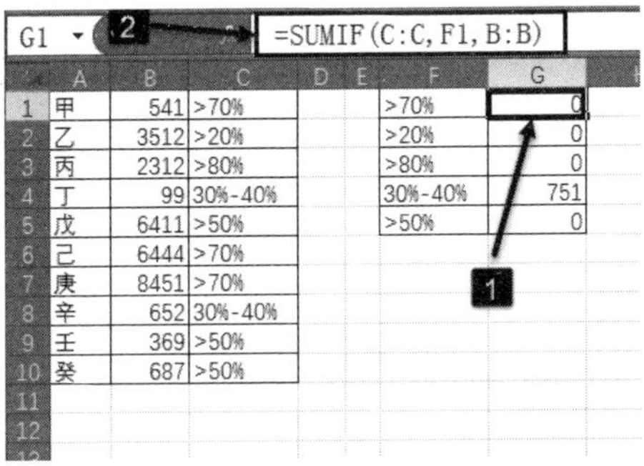

原因分析

由于 C 列中的数值是文本型，故不能被当作数值进行运算，而这里的 SUMIF 函数的第 2 参数（F1）被当作判断条件，即判断>70%的数值，而 C 列中全是文本型数值，所以得出的结果是 0。

解决方法 1：在条件前加一个 "="。

公式如下图所示。

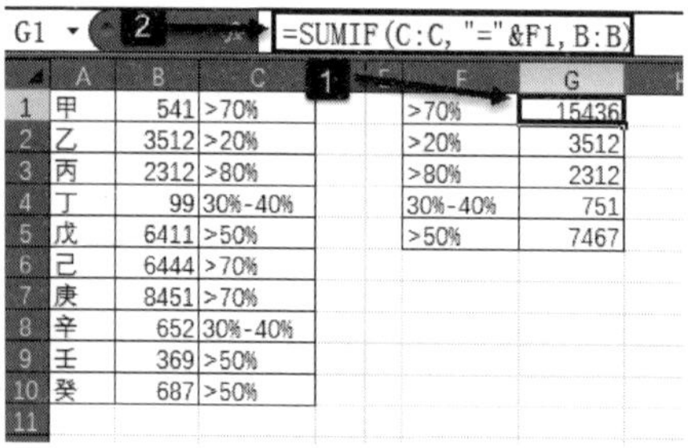

公式

=SUMIF(C:C,"="&F1,B:B)

公式解释

此公式在第 2 参数前加了一个"=",这样条件就是等于">70%",这个">70%"就是文本了,不是比较运算了。

解决方法 2:在条件前加一个"*"

公式如下图所示。

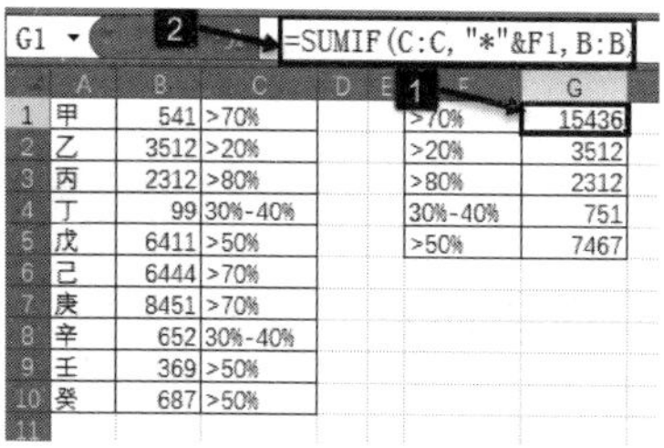

公式

=SUMIF(C:C,"*"&F1,B:B)

公式解释

这里在第 2 参数前加了一个通配符"*",表示是查找以">70%"结尾的数值,这样处理之后第 2 参数就变成了文本。

解决方法 3:用 SUMPRODUCT 函数实现

案例及公式如下图所示。

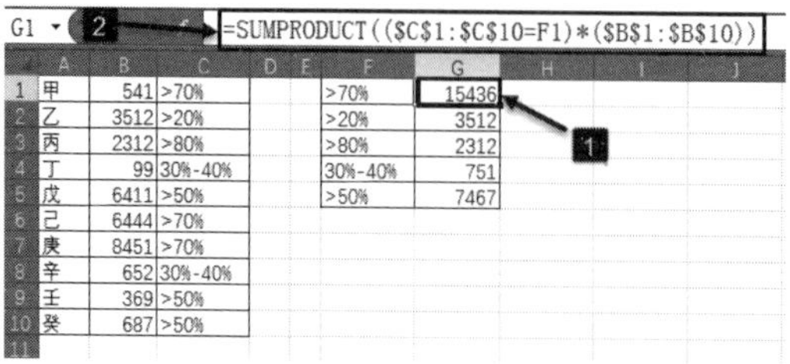

公式

=SUMPRODUCT(($C$1:$C$10=F1)*($B$1:$B$10))

公式解释

如果单元格区域 C1:C10 中的数值等于 ">70%"，那么就乘以单元格区域 B1:B10 中对应位置的数值，再相加。

本案例视频文件：02/案例 111 为什么使用 SUMIF 函数的求和结果是 0

案例 112 对比两张表中的数据

在此案例中，要在 2 月工作表里用函数实现此功能：如果 2 月工作表中的产品名称在 1 月工作表里有，就引用 2 月工作表里的 C 列对应的"金额"数据，如果没有就显示"1 月没有"，效果如下图所示。

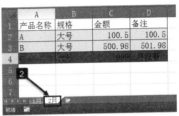

解法 1：用 TEXT+SUMPRODUCT 函数实现

公式如下图所示。

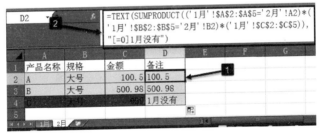

公式

=TEXT(SUMPRODUCT(('1月'!$A$2:$A$5='2月'!A2)*('1月'!$B$2:$B$5='2月'!B2)*('1月'!$C$2:$C$5)),"[=0]1 月没有")

公式解释

如果 1 月工作表里的单元格区域 A2:A5 中的值等于 2 月工作表中 A2 单元格中的值，而且 1 月工作表中的单元格区域 B2:B5 等于 2 月工作表中 B2 单元格中的值，即这两个条件都满足，就乘以 1 月工作表里对应的单元格区域 C2:C5 中的值。

再使用 SUMPRODUCT 函数，如果上面两个条件成立就返回 C 列对应的值，否则就返回 0。

TEXT 函数的第 2 参数为"[=0]1 月没有"，如果返回 0 就显示"1 月没有"，其他的全部是"G/通用格式"。

解法 2：用 **IFERROR+LOOKUP** 函数实现

公式如下图所示。

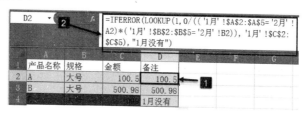

公式

=IFERROR(LOOKUP(1,0/(('1月'!$A$2:$A$5='2月'!A2)*('1月'!$B$2:$B$5='2月'!B2)),'1月'!$C$2:$C$5),"1月没有")

公式解释

如果 1 月工作表的单元格区域 A2:A5 中的值等于 2 月工作表的 A2 单元格中的值，而且 1 月工作表的单元格区域 B2:B5 中的值等于 2 月工作表的 B2 单元格中的值，即这两个条件都满足就返回 1，不满足就返回 0，然后用 0 除以 1 会返回 0，0 除以 0 会报错。

根据 LOOKUP 函数的这个特点，如果第 1 参数大于第 2 参数中的任意一个值，就定位第 2 参数最后一个数值的位置，然后返回 LOOKUP 函数的第 3 参数的值。

解法 3：用 **TEXT+SUMIFS** 函数实现

公式如下图所示。

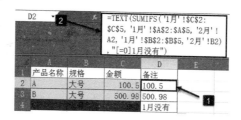

公式

=TEXT(SUMIFS('1月'!$C$2:$C$5,'1月'!$A$2:$A$5,'2月'!A2,'1月'!$B$2:$B$5,'2月'!B2),"[=0]1月没有")

公式解释

由于 1 月工作表的 A 列和 B 列中的数据连接起来具有唯一性，不会重复，这里就可以用 SUMIFS 函数实现查询的作用。

SUMIFS 函数的作用是多条件求和，它的参数不确定，当有一个条件时有 3 个参数；当有两个条件时有 5 个参数；当有 3 个条件时有 7 个参数……而这里用了两个条件，所以有 5 个参数，第 1 参数是求和的区域；第 2 参数为条件 1 所在的区域；第 3 参数为条件 1；第 4 参数为条件 2 所在的区域；第 5 参数为条件 2。

TEXT 函数的第 2 参数为 "[=0]1月没有"，如果返回值等于 0 就显示 "1月没有"，其他的全部是"G/通用格式""。

本案例视频文件：02/案例 112 对比两张表中的数据

案例 113　判断奇偶行的两种方法

方法 1：用 MOD 函数取余数

案例及公式如下图所示。这里要对 B 列的奇数行和偶数行进行分类。奇数行显示为 1，偶数行显示为 0。

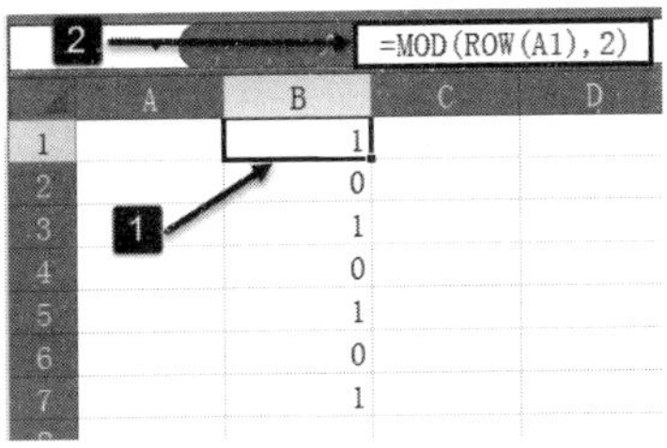

公式

=MOD(ROW(A1),2)

公式解释

将公式 ROW(A1)向下填充会产生数列 1,2,3,4,5,…

1 除以 2 的余数是 1。

2 除以 2 的余数是 0。

3 除以 2 的余数是 1。

4 除以 2 的余数是 0。

依此类推，也就是说，如果余数是 1，则说明是奇数行，如果余数是 0，则说明是偶数行。

方法 2：使用判断奇偶性函数

公式如下图所示。

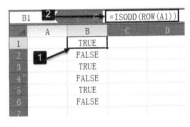 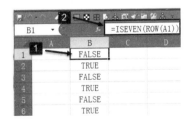

公式

=ISODD(ROW(A1))

=ISEVEN(ROW(A1))

公式解释

ISODD 函数用于判断数值，如果是奇数就返回 TRUE，否则就返回 FALSE。

ISEVEN 函数用于判断数值，如果是奇数就返回 FALSE，否则就返回 TRUE。

本案例视频文件：02/案例 113 判断奇偶行的两种方法

案例 114 使用 SUMIF 函数遇到通配符时如何解决

案例及公式如下图所示。这里求规格为“20*2.0Mpa”的产品的数量汇总，结果本应该是 5，现在返回是 12，为什么？

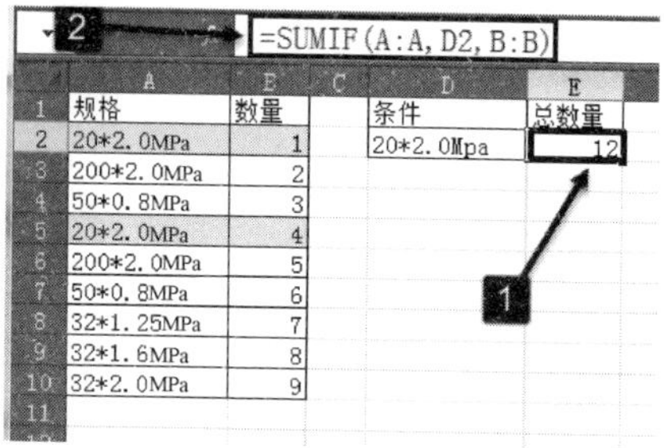

	A	B	C	D	E
1	规格	数量		条件	总数量
2	20*2.0MPa	1		20*2.0Mpa	12
3	200*2.0MPa	2			
4	50*0.8MPa	3			
5	20*2.0MPa	4			
6	200*2.0MPa	5			
7	50*0.8MPa	6			
8	32*1.25MPa	7			
9	32*1.6MPa	8			
10	32*2.0MPa	9			
11					

原因就出在 SUMIF 函数的第 2 参数支持通配符。

因为查找条件为“20*2.0MPa”，SUMIF 函数会自动把“*”当作通配符，也就是说，只要以“20”开头的值都符合条件，这样就把 A 列中两个以“200”开头的值也包括了，所以得到的答案是 12，正确结果应该是 5。

方法 1：使用 SUBSTITUTE 函数

公式如下图所示。

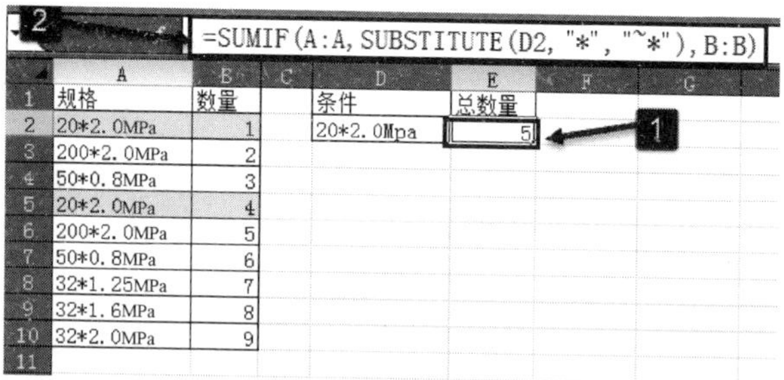

	A	B	C	D	E	F	G
1	规格	数量		条件	总数量		
2	20*2.0MPa	1		20*2.0Mpa	5		
3	200*2.0MPa	2					
4	50*0.8MPa	3					
5	20*2.0MPa	4					
6	200*2.0MPa	5					
7	50*0.8MPa	6					
8	32*1.25MPa	7					
9	32*1.6MPa	8					
10	32*2.0MPa	9					
11							

公式

=SUMIF(A:A,SUBSTITUTE(D2,"*","~*"),B:B)

公式解释

SUBSTITUTE(D2,"*","~*")：把“*”替换成“~*”，这样处理之后第 2 参数里的“*”就不是通配符了，变成普通字符了。

这里的"~"相当于转义符，即把通配符转换为普通的字符。

方法2：使用 SUMPRODUCT 函数

公式如下图所示。

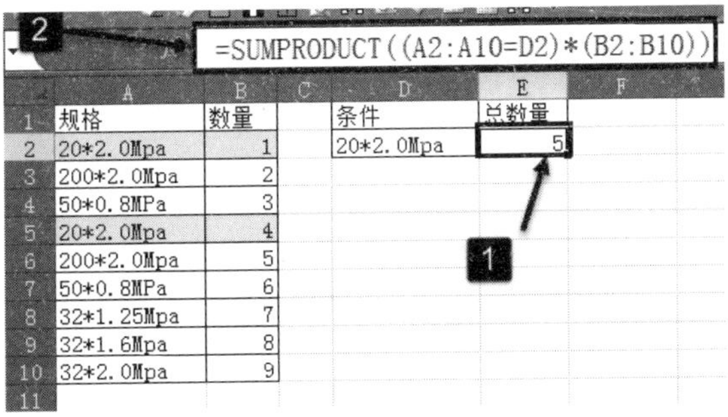

公式

=SUMPRODUCT((A2:A10=D2)*(B2:B10))

公式解释

如果单元格区域 A2:A10 中的值等于 20*2.0MPa 就返回 TRUE，否则就返回 FALSE；然后再和数量列（B2:B10）中对应的值相乘，最后求总数量。

在运算的过程中，TRUE 被当作 1，FALSE 被当作 0。

▶ 本案例视频文件：02/案例 114 使用 SUMIF 函数遇到通配符时如何解决

案例 115　提取单元格中靠左侧的汉字

案例及公式如下图所示，提取单元格区域 A2:A4 中靠左侧的汉字，并放到单元格区域 B2:B4 中。

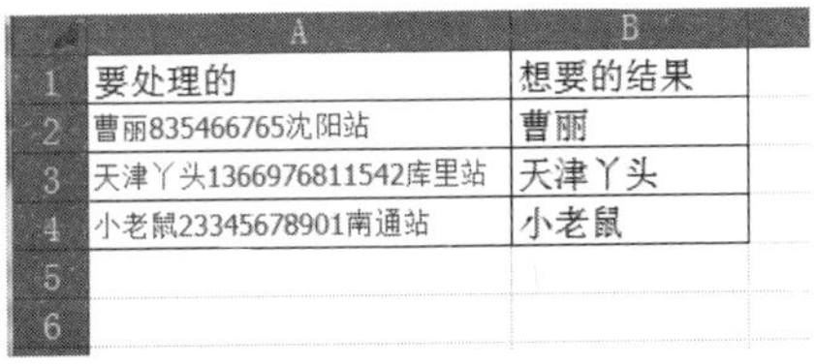

公式

=LEFT(A2,SEARCHB("?",A2)/2)

公式解释

SEARCHB("?",A2)：找到第 1 个单字节出现的位置，不过这个 SEARCHB 函数是区分单/双字节的。其中一个汉字算 2 个字节，一个字母算 1 个字节。由于单元格中左侧的值全是汉字，所以要除以 2。

这里的"?"代表任意一个单字节。

最后用 LEFT 函数从单元格左侧提取。

本案例视频文件：02/案例 115 提取单元格中靠左侧的汉字

案例 116　从汉字中提取数字的最简单的方法

案例及公式如下图所示。

公式

=MIDB(A2,SEARCHB("?",A2),2*LEN(A2)-LENB(A2))

公式解释

=SEARCHB("?",A2)：找到第一个数字出现的位置。SEARCHB 函数是区分单/双字节的，一个汉字算 2 个字节，一个数字算 1 个字节。其中第 1 参数为 "?"，表示任意一个单字节。

由于 SEARCHB 函数区分单/双字节，所以从文本中间提取字节只能用 MIDB 函数，不能用 MID 函数。

2*LEN(A2)-LENB(A2)：得到数字的个数。可以这样理解此公式：把所有字符都当作汉字，也就是将"吃饭 129 元"全部当作汉字（共 6 个汉字），即 6*2=12 个字符。而 LENB("吃饭 129 元")将汉字的字节数放大 1 倍，而数字的字节数没有被放大，因此，不管有多少汉字，都是被抵消，而数字则不是。2*LEN(A2)将数字和汉字的字节数都放大了 2 倍，后面的-LENB(A2)没有将数字的字节数放大，而将汉字的字节数放大了 2 倍，因此 2*LEN(A2)-LENB(A)得到数字的个数。

本案例视频文件：02/案例 116 从汉字中提取数字的最简单的方法

案例 117　简单的数值相加为什么会报错

案例及公式如下图所示。D1 单元中的值等于 A1、B1、C1 这 3 个单元格中的数值相加，为什么会报错呢？

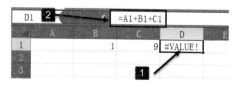

原因分析：这是由于 A1 单元格中是"假空"的。有时我们在写公式时，会让单元格显示为空，即""，IFERROR 函数的第 2 参数有时也会让单元格公式的值显示为""，我们称这种为"假空"，如果单元格里什么符号都没有，才称之为真空，如下图所示。

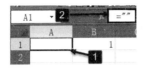

解决方法：补前导 0 法

公式如下图所示。

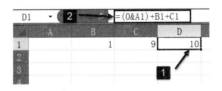

公式

=(0&A1)+B1+C1

公式解释

如果我们要进行数值计算，那么在用 IFERROR 函数的第 2 参数时不要显示为假空""，要让它显示为 0。

如果一定要 A1 单元格显示为假空，那么可以在 D1 单元格的公式中加一个前导 0 进行处理。

如果数据很多，则可以用数组公式{=SUM(--(0&A1:C1))}，如下图所示。

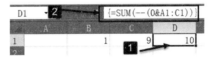

本案例视频文件：02/案例 117 简单的数值相加为什么会报错

案例 118　使用 LOOKUP 函数实现反向查找

案例及公式如下图所示。

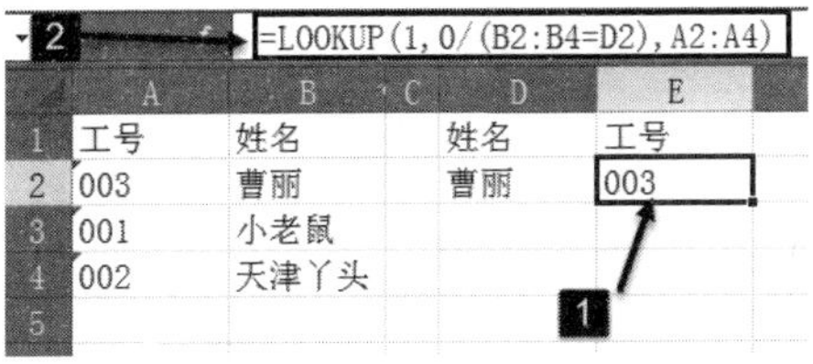

方法 1：用 LOOKUP 函数可以根据姓名反向查找工号

公式

=LOOKUP(1,0/(B2:B4=D2),A2:A4)

公式解释

判断单元格区域 B2:B4 中的值有没有等于"曹丽"的，如果有就返回 TRUE，否则就返回 FALSE。0/TRUE 返回 0，0/FALSE 返回报错信息。

根据 LOOKUP 函数的特点，如果查找值大于第 2 参数的最大值，就定位最后一个数字的位置，返回第 3 参数对应的位置。

方法 2：用 INDEX+MATCH 函数实现

公式如下图所示。

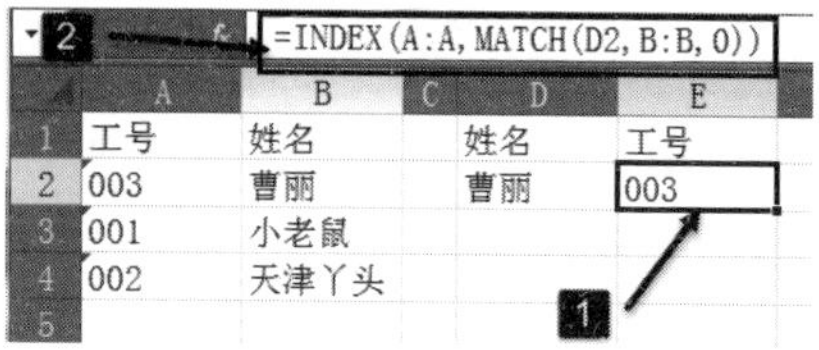

公式

=INDEX(A:A,MATCH(D2,B:B,0))

公式解释

MATCH 函数有 3 个参数，第 1 参数：查找值；第 2 参数：数据源（但是一定是一维引用或者是一维数组）；第 3 参数：0，表示精确查找，也就是查找值和数据源里的值要一样，否则就会报错。

先用 MATCH 函数查找"曹丽"在 B 列中的位置，结果返回 2。

此 INDEX 函数中有 3 个参数，第 1 参数：数据源；第 2 参数：返回数据源的哪一行；第 3 参数：返回数据源的哪一列。

本案例视频文件：02/案例 118 使用 LOOKUP 函数实现反向查找

案例 119 比 IF 函数还经典的判断用法

第 1 组公式：如果 A 列中的值是"是"则显示 1，是"否"则显示 0

IF 函数的用法如下图所示。

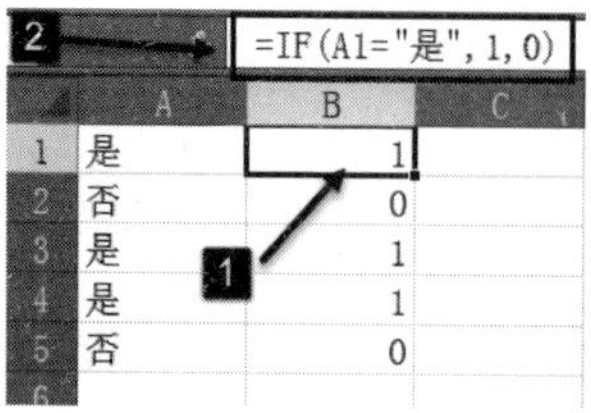

其他函数的用法如下图所示。

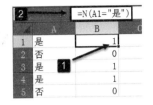

公式解释

这里使用 IF 函数判断 A 列中的值。如果 A1 单元格中的值等于"是",就返回 TRUE,否则返回 FALSE。而使用 N 函数则是把 TRUE 转换为 1,把 FALSE 转换为 0。

第 2 组公式:如果 A 列中的值大于 100 就显示 100,否则就显示数值本身

IF 函数的用法如下图所示。

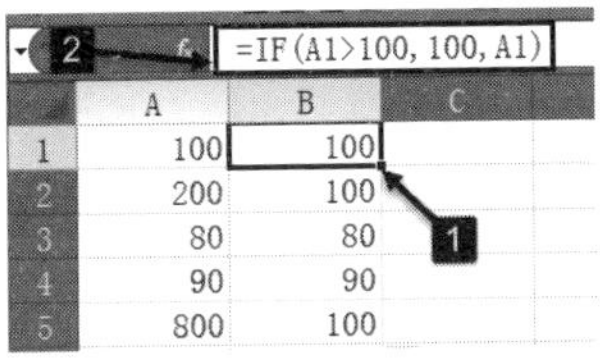

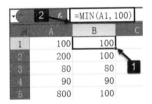

其他函数的用法如下图所示。

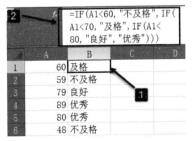

公式解释

=MIN(A1,100):如果 A1 单元格中的值大于 100,那么 100 就是最小值,如果小于 100,那么 A1 单元格中的值就是最小值。

第 3 组公式:判断 A 列中的分数,如果小于 60 则返回"不及格";如果大于或等于 60 且小于 70 则返回"及格";如果大于或等于 70 且小于 80 则返回"良好";如果大于或等于 80 则返回"优秀"

IF 函数的用法如下图所示。

其他函数的用法如下图所示。

公式解释

LOOKUP 函数的第 2 参数的第 1 列数据要求升序排序，根据 LOOKUP 函数的特点，如果在第 2 参数的第 1 列数据中没有找到和查找值一样的，就找比查找值小的，然后从这些小的值里面找到最大那个值所在的位置，返回第 2 参数最后一列对应的值。

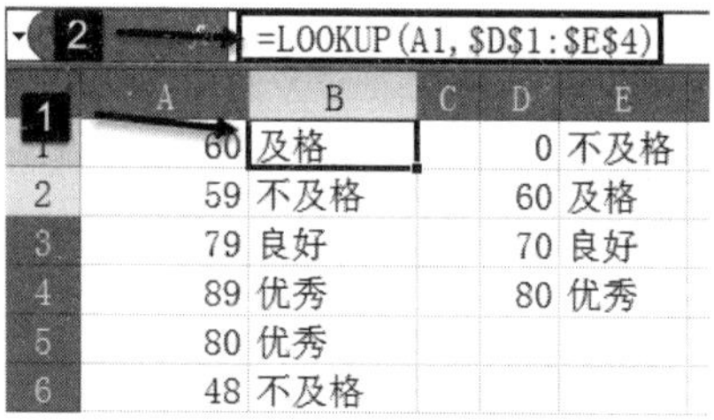

第 4 组公式：如果 A 列中的值是数字，则显示数字本身，如果是非数字，则显示 0

IF 函数用法如下图所示。

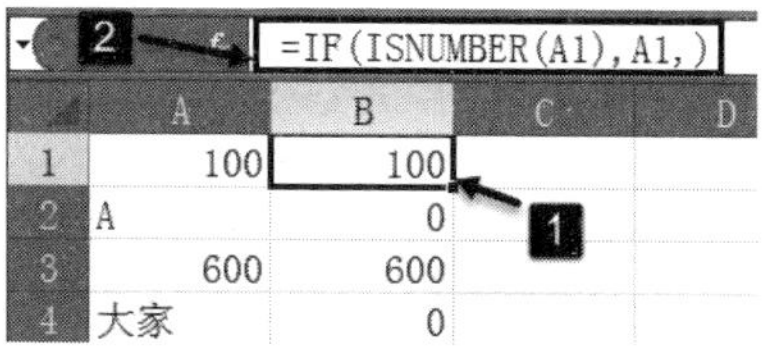

其他函数用法如下图所示。

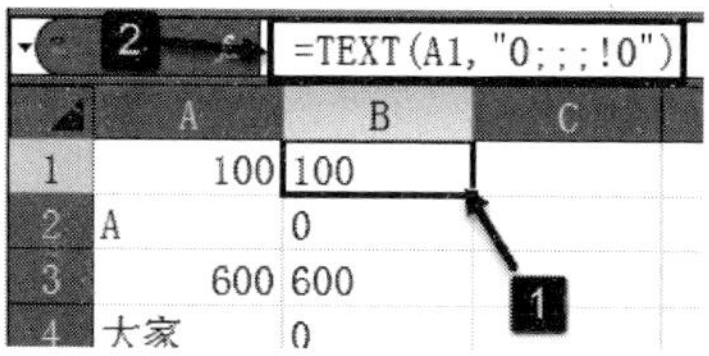

公式解释

=TEXT(A1,"0;;;!0")：TEXT 函数的第 2 参数为自定义单元格格式，分为 4 节，第 1 节为正数；第 2 节为负数；第 3 节为零；第 4 节为文本，中间用分号分隔。这里的第 4 节是文本，为 "!0"，即强制第 4 节的文本显示为 0。当然，如果 A 列出现负数和零，则要将公式修改为=Text(A1,"0;-0;0;!0")。

▶ 本案例视频文件：02/案例 119 比 IF 函数还经典的判断用法

案例 120　引用每个表的 C 列中的最后一个值

案例及公式如下图所示。在汇总表的 B 列中引用对应的表的 C 列中的最后一个值，且是动态的。

第 2 章 基础函数：打好基础，轻松实现数据处理

此案例包括 1 张汇总表和 3 个分表，如下图所示。

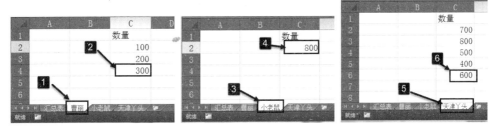

公式如下图所示。

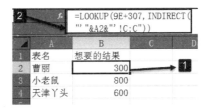

公式

=LOOKUP(9E+307,INDIRECT("'"&A2&"'!C:C"))

公式解释

"'"&A2&"'!C:C"：用一串字符表示每一个表的 C 列。为什么要给工作表名加一对单引号？如果表名中有一些特殊字符，则公式会报错，这里加单引号是为了容错。

"'"&A2&"'!C:C"：这是一串普通的字符串，加上函数 INDIRECT 之后表示定位 A2 单元格中的值"曹丽"对应的工作表的 C 列了。这个就是 INDIRECT 函数强大的作用，INDIRECT 函数可以返回单元格区域。

LOOKUP 函数的第 1 参数为查找值 9E+307，它是 Excel 中的最大数值，如果 LOOKUP 函数的第 1 参数大于第 2 参数的所有值，就会返回第 2 参数中的最后一个值。

▶ 本案例视频文件：02/案例 120 引用每个表的 C 列中的最后一个值

案例 121　将单元格中的内容进行分列

这里需要把 A 列中的数字和汉字分开，分别放到 B 列和 C 列中，如下图所示。

公式如下图所示。

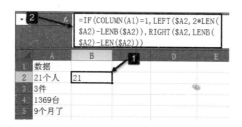

公式

=IF(COLUMN(A1)=1,LEFT($A2,2*LEN($A2)-LENB($A2)),RIGHT($A2,LENB($A2)-LEN($A2)))

公式解释

2*LEN($A2)-LENB($A2)：得到 A2 单元格中数字的个数。

LENB($A2)-LEN($A2)：得到 A2 单元格中汉字的个数。

如果 COLUMN(A1)=1，则返回 TRUE。将公式向右填充时，A1 会变成 B1，COLUMN(B1)返回 2，所以 COLUMN(B1)=1 就返回 FALSE。这样 IF 函数向右分别执行两个公式，第一个公式为 LEFT($A2,2*LEN($A2)-LENB($A2))；第 2 个公式为 RIGHT($A2,LENB($A2)-LEN($A2))。

▶ **本案例视频文件**：02/案例 121 将单元格中的内容进行分列

📖 **案例 122　求 18:00—23:00 有几个小时**

案例及公式如下图所示。这里求 18:00—23:00 有几个小时。

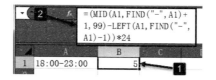

公式

=(MID(A1,FIND("-",A1)+1,99)-LEFT(A1,FIND("-",A1)-1))*24

公式解释

FIND("-",A1)+1：这里先用 FIND 函数找到 "-" 的位置，然后加 1 作为 MID 函数的第 2 参数提取的位置。

FIND("-",A1)−1：同理，用 FIND 函数找到 "-" 的位置，然后减 1 作为 LEFT 函数的第 2 参数提取的位置，得到 "-" 前面的数据。

将两个 FIND 函数得到的数据相减再乘以 24，就得到我们想要的结果，因为两个数据相减得到的是时间数值，所以还要乘以 24。

本案例视频文件：02/案例 122 求 18:00—23:00 有几个小时

案例 123　为什么使用 SUM 函数无法求和

案例及公式如下图所示。这里求 A 列的数字之和，将结果放在 C1 单元格中，为什么结果是 0？

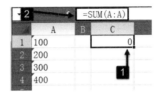

原因分析：

这是初学者常会遇到的问题。数字一般分为数值型数字和文本型数字。在单元格中，数值型数字为右对齐，文本型数字为左对齐。文本型数字没有大小之分，如果对其求和则结果等于 0。

可以将上图中的公式修改一下，如下图所示。此时就会显示正确的结果。

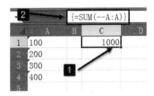

公式

=SUM(--A:A)

公式解释

在文本型数字 "100" 前面加一个负号变成了−100，在−100 前面再加一个负号变成 100，而这个 100 就是数值型数字。--是减负运算符号。

此公式是数组公式，记得要把鼠标光标定位到编辑栏中，然后按 Ctrl+Shift+Enter 键。

本案例视频文件：02/案例 123 为什么使用 SUM 函数无法求和

案例 124　提取小括号里的数据

方法 1：使用 MID+3 个 FIND 函数

案例及公式如下图所示。这里要提取 A 列单元格中括号里的内容。

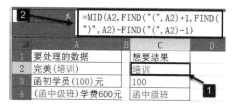

公式

=MID(A2,FIND("(",A2)+1,FIND(")",A2)-FIND("(",A2)-1)

公式解释

FIND("(",A2)+1：找到"("符号的位置，然后加 1 作为 MID 函数的第 2 参数。

FIND(")",A2)-FIND("(",A2)-1：用")"符号的位置减去"("符号的位置再减 1，得到 MID 函数的第 3 参数，即提取多少字符。这种解法最简单，而且容易理解。

方法 2：拉大距离法

公式如下图所示。

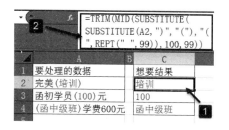

公式

=TRIM(MID(SUBSTITUTE(SUBSTITUTE(A2,")","("),"(",REPT(" ",99)),100,99))

公式解释

先把")"符号替换成"("符号，然后用替换函数把"("符号替换成 99 个空格，目的是让括号里的数据和括号外的数据分开。最后用 MID 函数从第 100 个位置开始提取，提取 99 个字符，再用 TRIM 去掉前后的空格。

方法 3：使用 REPLACE+FIND 函数

公式如下图所示。

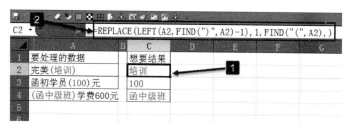

公式

=REPLACE(LEFT(A2,FIND(")",A2)-1),1,FIND("(",A2),)

公式解释

LEFT(A2,FIND(")",A2)-1)：找到"）"符号的位置后减 1，得到的结果作为 LEFT 函数的第 2 参数，这样就把"）"符号后面的数据（包括"）"符号）去掉了。去掉之后的数据作为 REPLACE 函数的第 1 参数，即要处理的数据。

REPLACE 函数的第 2 参数为从哪个位置开始替换，这里要从第 1 个位置开始，所以第 2 参数为 1。第 3 参数为替换第几个，用 FIND("(",A2) 找到 "（" 符号的位置，包括 "（" 符号的替换的个数。第 4 参数为要替换成空值，这里简写了，只输入了一个逗号。

▶ **本案例视频文件**：02/案例 124 提取小括号里的数据

案例 125　每隔 4 行提取数据组成新的一列

案例及公式如下图所示。这里在 A 列中每隔 4 行提取数据组成新的一列。

	A	B	C	D	E
		=INDEX(A:A,ROW(A1)*4-3)			
1	1112	1112			
2	1245	1564			
3	1256	2225			
4	2545	4587			
5	1564				
6	5247				
7	3255				
8	4566				
9	2225				
10	1287				
11	9856				
12	7855				
13	4587				
14	1204				
15	1025				

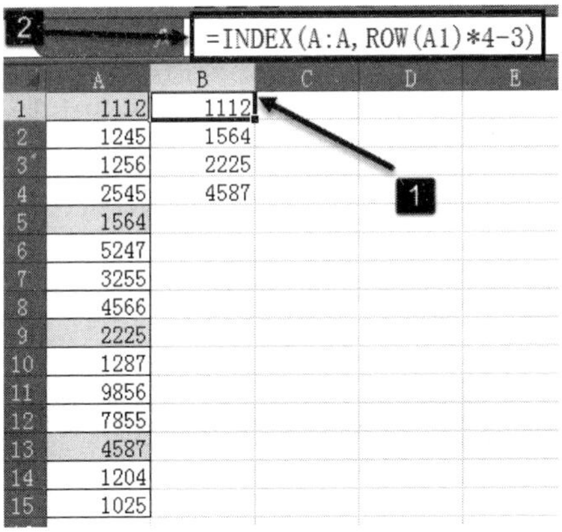

公式

=INDEX(A:A,ROW(A1)*4-3)

公式解释

ROW(A1)：返回 1，向下填充公式产生数列 2，3，4，…

ROW(A1)*4-3：返回 1，向下填充公式产生数列 5，9，13，…

INDEX 函数有 3 个参数，第 1 参数：数据源；第 2 参数：返回数据源的哪一行；第 3 参数：返回数据源的哪一列。如果数据只有一行或者只有一列，那么只用两个参数就可以了。

▶ **本案例视频文件**：02/案例 125 每隔 4 行提取数据组成新的一列

案例 126　最简单的分类汇总方法

情况一：有空行的情况

案例及公式如下图所示。这里要对送货单号分别进行汇总。

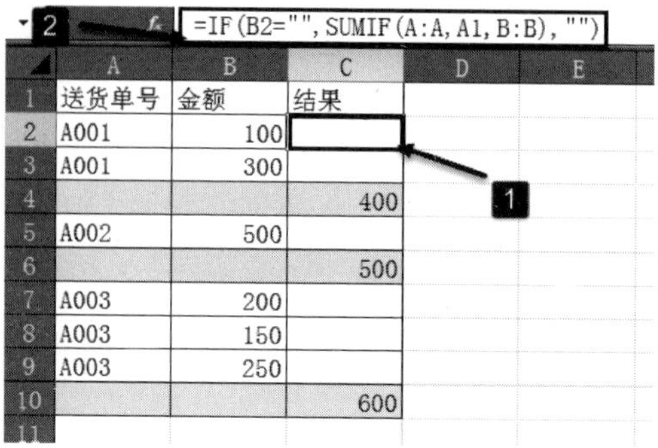

	A	B	C	D	E
1	送货单号	金额	结果		
2	A001	100			
3	A001	300			
4			400		
5	A002	500			
6			500		
7	A003	200			
8	A003	150			
9	A003	250			
10			600		

C2 单元格公式：=IF(B2="",SUMIF(A:A,A1,B:B),"")

公式

=IF(B2="",SUMIF(A:A,A1,B:B),"")

公式解释

如果 B2 单元格中为空值，就计算公式 SUMIF(A:A,A1,B:B)，否则就显示为空值。

SUMIF 函数是按条件求和，它有 3 个参数，第 1 参数：条件所在的区域；第 2 参数：条件；第 3 参数求和区域。

情况二：没有空行的情况。

案例及公式如下图所示。

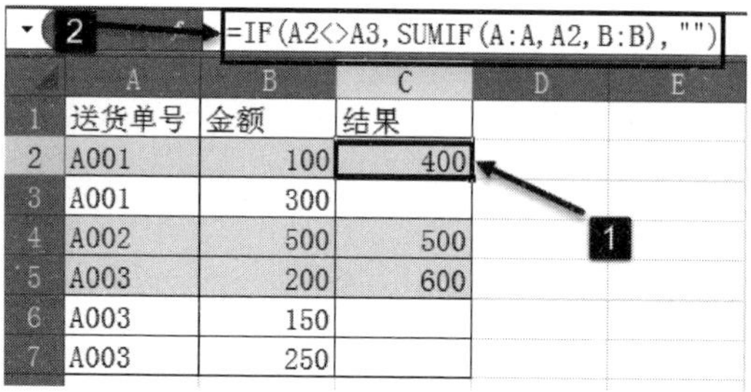

	A	B	C	D	E
1	送货单号	金额	结果		
2	A001	100	400		
3	A001	300			
4	A002	500	500		
5	A003	200	600		
6	A003	150			
7	A003	250			

C2 单元格公式：=IF(A2<>A3,SUMIF(A:A,A2,B:B),"")

公式

=IF(A2<>A3,SUMIF(A:A,A2,B:B),"")

公式解释

如果 A2<>A3，就计算公式 SUMIF(A:A,A2,B:B)，否则就显示为空值。

本案例视频文件：02/案例 126 最简单的分类汇总方法

第 2 章　基础函数：打好基础，轻松实现数据处理

案例 127　判断汉字和字母

方法 1：使用 IF 和 CODE 函数

案例及公式如下图所示。

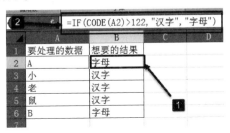

公式

=IF(CODE(A2)>122,"汉字","字母")

公式解释

CODE 函数用于返回每个符号的 ASCII 码。这是因为每个字符都可以用一个数字代替，而小写字母 z 对应的数字编码是 122。

方法 2：使用 IF 和多个函数组合

案例及公式如下图所示。

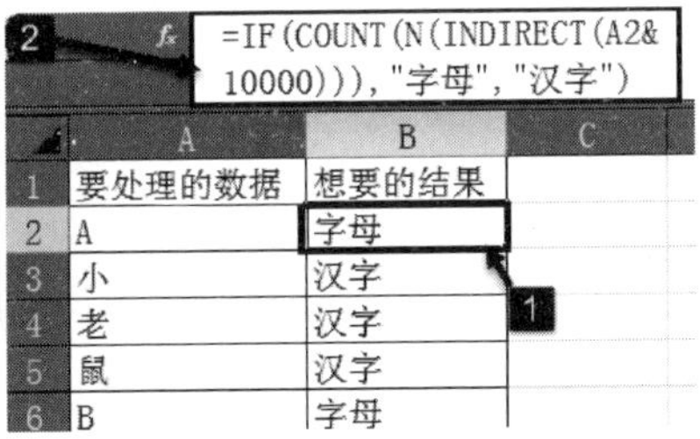

公式

=IF(COUNT(N(INDIRECT(A2&10000))),"字母","汉字")

公式解释

A2&10000：A2 连接 10000 得到 A10000，构建了一个表示单元格的文本字符。经过 INDIRECT 函数处理就变成一个单元格，而这个 A10000 单元格中的内容是空值，所以返回 0。然后用 N 函数降维，再用 COUNT 函数统计数值型数字的个数，此时错误值会被忽略。

方法 3：使用 TF 函数

案例及公式如下图所示。

公式

=IF(A2>="吖","汉字","字母")

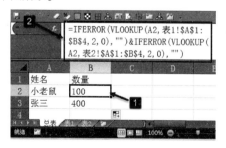

公式解释

"吖"是汉字表中第一个汉字。

当然也可以用公式=IF(A2<="z","字母","汉字")。

▶ 本案例视频文件：02/案例 127 判断汉字和字母

案例 128　使用 VLOOKUP 函数实现多表查找

在表 1 中，张三对应的数量是 400。

在表 2 中，小老鼠对应的数量是 100。

在总表中，我们想要的结果是查找到小老鼠对应的数量 100，张三对应的数量 400，如下图所示。

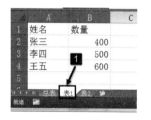

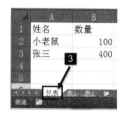

这里使用的公式如下图所示。

公式

=IFERROR(VLOOKUP(A2,表 1!$A$1:$B$4,2,0),"")&IFERROR(VLOOKUP(A2,表 2!$A$1:$B$4,2,0),"")

公式解释

先在表中查找小老鼠（A2）对应的数量，如果找不到就报错，这里用 IFERROR 函数

第 2 章 基础函数：打好基础，轻松实现数据处理

将错误值屏蔽为空值，再用连字符"&"连接第 2 个 VLOOKUP 函数。

第 2 个 VLOOKUP 函数的查找值还是小老鼠（A2），在表 2 中找，如果找到就返回其对应的数量，如果找不到就报错。

总之，此公式在表 1 中找不到，就会在表 2 中找，如果在两个表中都找不到就返回空值。

▶ 本案例视频文件：02/案例 128 用 VLOOKUP 函数实现多表查找

案例 129　将一列数据快速转换为两列数据

案例及公式如下图所示。这里要将 A 列中的数据转为两列数据。

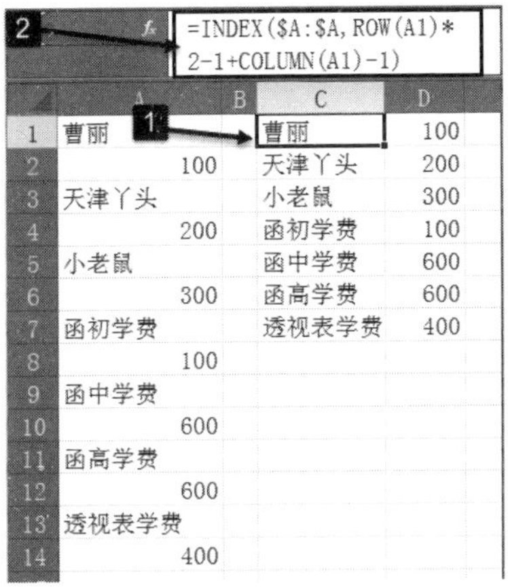

	A	B	C	D
1	曹丽		曹丽	100
2		100	天津丫头	200
3	天津丫头		小老鼠	300
4		200	函初学费	100
5	小老鼠		函中学费	600
6		300	函高学费	600
7	函初学费		透视表学费	400
8		100		
9	函中学费			
10		600		
11	函高学费			
12		600		
13	透视表学费			
14		400		

公式

=INDEX($A:$A,ROW(A1)*2-1+COLUMN(A1)-1)

公式解释

ROW(A1)*2-1：将公式向下填充产生数列 1,3,5,…。

将公式向右填充 1 列，便在原来的值基础上加 1，COLUMN(A1)-1 返回 0。向右填充公式后 A1 变成了 B1，COLUMN(B1)-1 返回 1。因为 COLUMN(B1)返回 2，所以 2-1=1。

这里的 INDEX 函数中有两个参数，如果第 1 参数是 1 列，则只用两个参数就可以了，第 1 参数为数据源，第 2 参数为引用数据源是哪个位置的。

▶ 本案例视频文件：02/案例 129 将一列数据快速转换为两列数据

案例 130　根据产品名返回最后一次进价

案例及公式如下图所示。这里根据 B 列的产品名，返回此产品的最后一次进价。

公式

=TEXT((COUNTIF($B$2:B2,B2)=COUNTIF(B:B,B2))*C2,"0.0;;;")

公式解释

COUNTIF($B$2:B2,B2)：这个公式是动态的，依次把不同的产品编号。COUNTIF(B:B,B2)：计算每一个产品的最大编号。如果这两个产品的编号相等，就乘以 C 列的进价并返回最大的进价，如果不相等就返回 0。

TEXT 函数：把 0 屏蔽，显示为空值，把最大进价留下。

 本案例视频文件：02/案例 130 根据产品名返回最后一次进价

案例 131　提取最后一个月的数据

方法 1：使用 LOOKUP 函数

案例及公式如下图所示。这里提取 1 月至 6 月中最后一个月（有数据的月）中的数据。

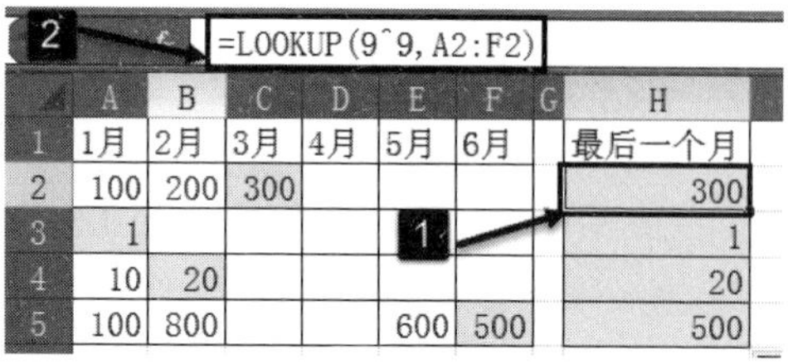

公式

=LOOKUP(9^9,A2:F2)

公式解释

根据 LOOKUP 函数的特点，如果查找值大于其第 2 参数的所有值，那么返回第 2 参数的最后一个数值。

方法 2：使用 INDEX 和 MATCH 函数

案例及公式如下图所示。

第 2 章　基础函数：打好基础，轻松实现数据处理

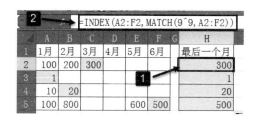

公式

=INDEX(A2:F2,MATCH(9^9,A2:F2))

公式解释

MATCH 函数的第 3 参数如果省略了或者用 1，同时第 1 参数大于第 2 参数里的所有值，就返回第 2 参数里的最后一个值的位置，得到的这个位置会作为 INDEX 函数的第 2 参数。

INDEX 函数有 3 个参数，第 1 参数：要引用的数据源；第 2 参数：引用数据源里的哪一行；第 3 参数：引用数据源里的哪一列。

如果 INDEX 函数的第 1 参数只有一行或者一列，那么 INDEX 函数只要有两个参数就可以了。

本案例视频文件：02/案例 131 提取最后一个月的数据

案例 132　为什么使用 VLOOKUP 函数得不到正确的结果

案例及公式如下图所示。这里使用 VLOOKUP 函数根据 D2 单元格中的商品编号返回对应的数量，结果却是错误，为什么？

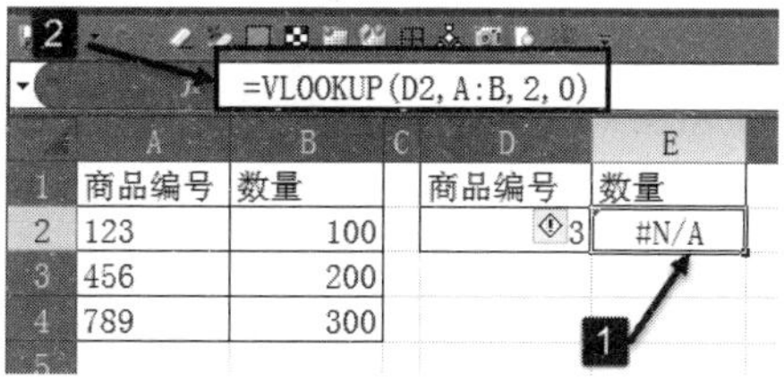

由于 A 列中是文本型数字，而 D2 单元格中是数值型数字，所以使用此公式得不到正确结果。

解决方法 1：在查找值后面连接&""（空文本）

公式如下图所示。

公式

=VLOOKUP(D2&"",A:B,2,0)

公式解释

在 VLOOKUP 函数的第 1 参数后面连接一对双引号，把数值型数字变成文本型数字，就和数据源里的数字格式相同了。

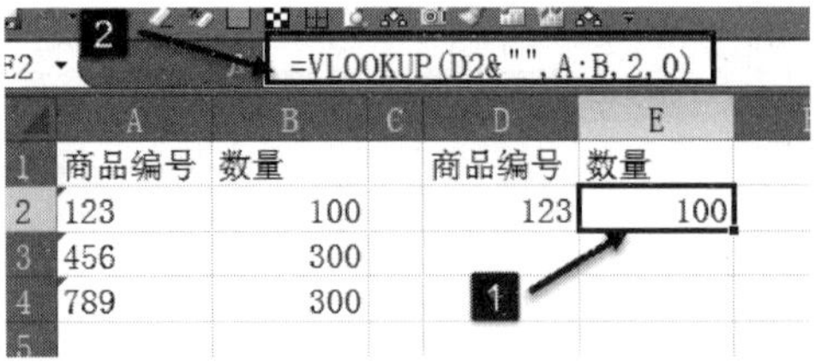

解法方法 2：分列法

步骤 1：选中 A 列，选择"数据"选项卡中的"分列"选项。

步骤 2：弹出"分列"对话框，在其中直接单击"完成"按钮就可以了。此方法是通过分列把文本型数字转换为数值型数字，但前提条件是商品编号不能太长，如果太长就会变成科学记数法形式。那么此时又该如何解决呢？只能把 D2 单元格设置成文本格式了。

> 本案例视频文件：02/案例 132　为什么使用 VLOOKUP 函数得不到正确的结果

案例 133　为什么使用 SUMPRODUCT 函数得不到正确的结果

下面使用 SUMPRODUCT 函数求产品名称是 A 的数量之和，系统返回的结果是 0（见左下图），为什么？

正确的公式如右下图所示。

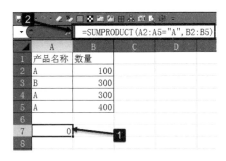

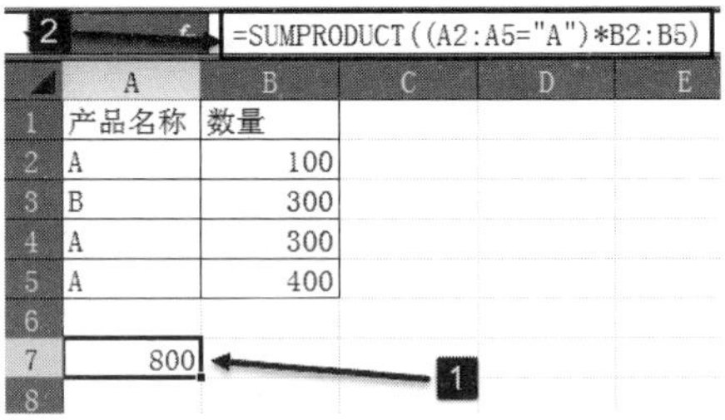

公式

=SUMPRODUCT((A2:A5="A")*B2:B5)

公式解释

第一个公式为什么不对？因为 SUMPRODUCT 函数不直接支持逻辑值 TRUE 和 FALSE 运算，要通过一些运算进行转换才可以，所以把逗号改成乘号就可以了。

如果一定要用逗号呢？可以先把逻辑值转换一下：把 TRUE 转换为 1，把 FALSE 转换为 0，就可以正确计算了，公式为=SUMPRODUCT((A2:A5="A")*1,B2:B5)，如下图所示。

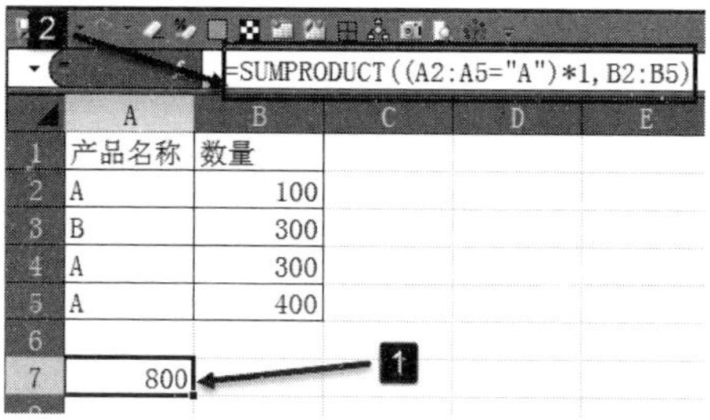

第 2 章 基础函数：打好基础，轻松实现数据处理

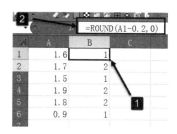

📹 **本案例视频文件**：02/案例 133 为什么使用 SUMPRODUCT 函数得不到正确结果

案例 134　如何实现"六舍七入"

如下图所示，使用 ROUND 函数可以将 1.6 变成 1，将 1.7 变成 2，即实现"六舍七入"。

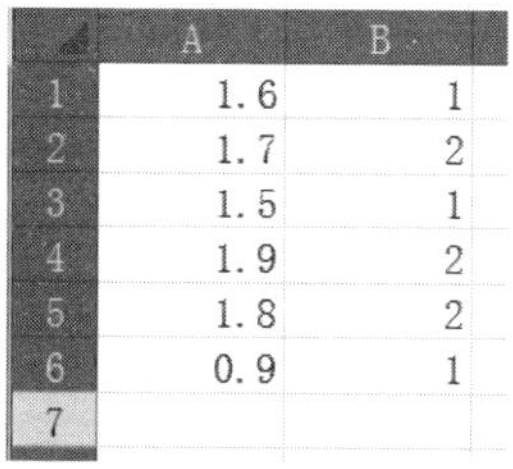

方法 1：使用 ROUND 函数

公式如下图所示。

公式

=ROUND(A1-0.2,0)

公式解释

这里可以使用四舍五入函数 ROUND 来实现"六舍七入"。

因为 0.7−0.2=0.5，0.6−0.2=0.4，这样就可以使用四舍五入函数 ROUND 了。

ROUND 函数有两个参数，第 1 参数：要处理的数据，第 2 参数：指定哪一个位置上的数字进行四舍五入。

如果第 2 参数大于 0，则将数字四舍五入到指定的小数位。

如果第 2 参数等于 0，则将数字四舍五入到最接近的整数。

如果第 2 参数小于 0，则在小数点左侧（即个位）进行四舍五入。

方法 2：使用 CEILING 函数

公式如下图所示。

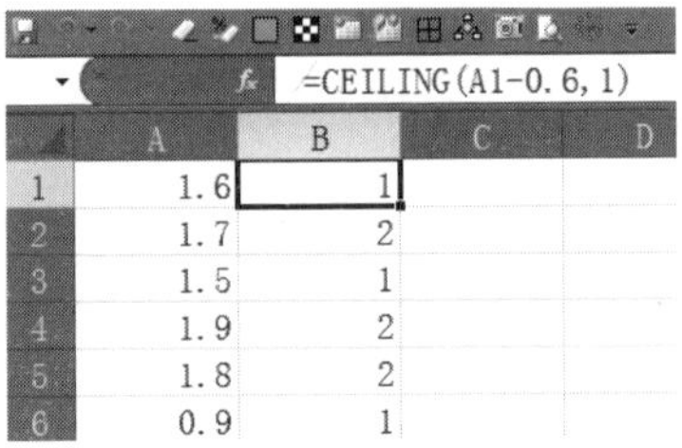

=CEILING(A1-0.6, 1)

	A	B	C	D
1	1.6	1		
2	1.7	2		
3	1.5	1		
4	1.9	2		
5	1.8	2		
6	0.9	1		

公式

=CEILING(A1-0.6,1)

公式解释

在 CEILING 函数中第 1 参数是按第 2 参数的整数倍数向上返回的。举个例子，第 1 参数是 1.6，第 2 参数是 1，1 的倍数有 1，2，3，…而 1.6 介于 1 和 2 之间，由于此函数是向上返回接近的整数的倍数，所以返回 2。

为什么要减 0.6？这是为了让 1.0～1.6 返回 1，让 1.7～1.9 返回 2。

方法 3：使用 FLOOR 函数

公式如下图所示。

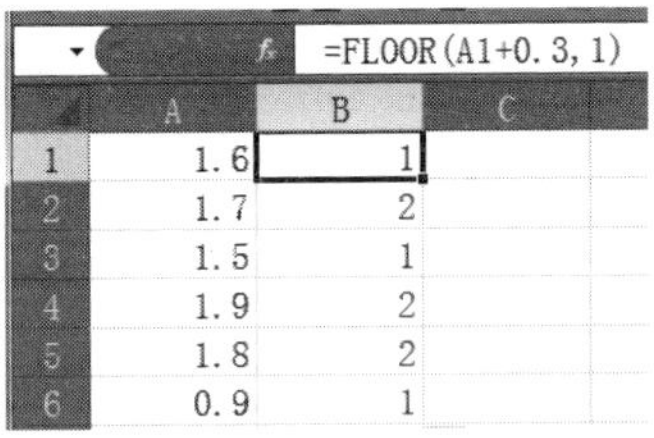

=FLOOR(A1+0.3, 1)

	A	B	C
1	1.6	1	
2	1.7	2	
3	1.5	1	
4	1.9	2	
5	1.8	2	
6	0.9	1	

公式

=FLOOR(A1+0.3,1)

公式解释

FLOOR 和 CEILING 函数可以算得上是一对“姐妹”函数，FLOOR 函数将第 1 参数按第 2 参数的整数倍数向下返回。

为什么要加 0.3？因为这个函数是向下取整，即 1.6+0.3=1.9，第 2 参数为 1，1 的倍数还是 1，所以 1.9 返回 1；而 1.7+0.3=2，即向下返回 1 的倍数 2。

本案例视频文件：02/案例 134 如何实现“六舍七入”？

案例 135　动态获取当前工作表名称

案例及公式如下图所示。这里要动态获取当前工作表的名称。

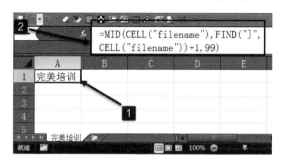

公式

=MID(CELL("filename"),FIND("]",CELL("filename"))+1,99)

公式解释

CELL 函数用于获取单元格信息。

这个函数有两个参数，第 1 参数：获取单元格的哪些信息，第 2 参数：获取哪一个单元格的信息。

如果第 2 参数省略，则返回最后更改的单元格中的信息，如果有第 2 参数，并且是单元格区域，则返回该单元格区域左上角的单元格中的信息。

第 1 参数可以为以下类型。

"address"：引用第一个单元格中的值，文本类型。

"col"：引用单元格的列标。

"color"：如果单元格中的负值以不同颜色显示，则返回 1；否则返回 0（零）。

"contents"：引用单元格区域左上角的单元格中的值（不是公式）。

"filename"：引用文件名（包括全部路径），文本类型。如果包含目标引用的工作表尚未被保存，则返回空文本 ("")。

"row"：引用单元格的行号。

"width"：引用取整后的单元格的列宽。列宽以默认字号的一个字符的宽度为单位。

这里的第 1 参数为"filename"，所以返回文件名包括全部路径，记得一定要保存工作簿，否则返回空值。

得到全部路径："C:\Users\Administrator\Desktop\[工作簿 1.xlsx]完美培训"之后，用 FIND 函数找"]"的位置，然后加 1 并用 MID 函数提取字符。

本案例视频文件：02/案例 135 动态获取当前工作表名称

案例 136　Excel 中的两个通配符的用法

通配符：问号?

问号可以代替任意一个字符（注意是字符）。

下面举例说明。

如"张三"，用问号？表示为"张？"。

如"张三丰"，用问号？表示为"张??"。

通配符：星号*

星号可以代替任意一个以及一个以上的字符。

下面举例说明。

如"张三"，用星号表示为"张*"。

如"张三丰"，用星号表示为还是"张*"。

为什么下图所示的公式=VLOOKUP("45~100",$A$1:$B$3,2,0)会报错？

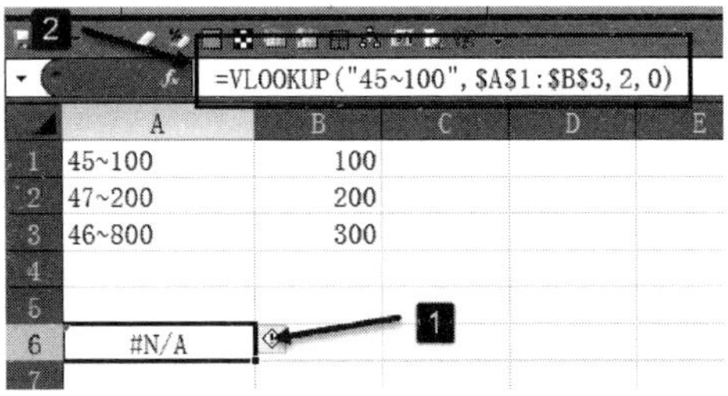

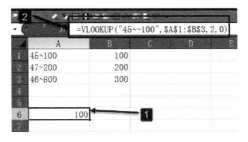

公式解释：

"~"是一个转义符，也就是要把它当作通配符，如果查找它本身（即"~"），则要在其前面加一个"~"，就像查找"*"一样，要写为"~*"。所以上面的公式正确的写法为=VLOOKUP("45~~100",$A$1:$B$3,2,0)，如下图所示。

📹 本案例视频文件：02/案例 136 Excel 中的两个通配符的用法

案例 137　ROW 函数与 ROWS 函数的区别

ROW 函数用于返回单元格或单元格区域的行号，返回的是数组。ROW 函数的参数一定是单元格引用，不能是常量数组。

而 ROWS 函数用于返回总行数，它的参数可以是单元格区域，也可以是常量数组，返回的是一个数值。

ROW 函数的第 1 种用法：括号里不放参数

案例及公式如下图所示。这里要返回单元格 B1 的行数。

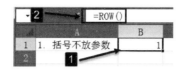

公式

=ROW()

公式解释

如果参数为空，则函数返回当前单元格的行号。

上图中的公式位于 B1 单元格中，B1 单元格的行号是 1，所以返回 1。

ROW 函数的第 2 种用法：参数为一个单元格

公式如下图所示。

公式

=ROW(A9)

公式解释

如果参数指定一个单元格，就返回此单元格的行号。

在此公式中，因为 A9 单元格的行号是 9，所以公式返回 9。

ROW 函数的第 3 种用法：参数为单元格区域

公式如下图所示。

公式

=ROW(A1:A5)

公式解释

此公式的参数为单元格区域，所以返回这个单元格区域的行号。

在此公式中，因为 A1 的行号是 1，A2 的行号是 2，A3 的行号是 3，A4 的行号是 4，

A5 的行号是 5，所以公式返回结果 {1;2;3;4;5}。但是单元格中只显示 1。

在编辑栏里选中公式=ROW(A1:A5)，按快捷键 F9，就可以查看返回的结果{1;2;3;4;5}。

ROW 函数第 4 种用法：参数为一整行

公式如下图所示。

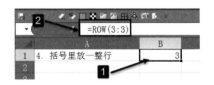

公式

=ROW(3:3)

公式解释

此公式的参数是第 3 行整行。因为第 3 行的行号是 3，所以此公式返回 3。

ROW 函数的第 5 种用法：参数可以为多行

公式如下图所示。

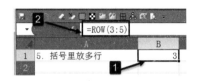

公式

=ROW(3:5)

公式解释

在此公式中包括 3 行，即第 3~5 行。

因为第 3 行的行号为 3，第 4 行的行号为 4，第 5 行的行号为 5，所以公式返回结果 {3;4;5}。

在编辑栏中选中公式=ROW(3:5)，按快捷键 F9 就可以查看返回的结果 {3;4;5}。

ROWS 函数的第 1 种用法：参数为一个单元格（指定一个单元格）

公式如下图所示。

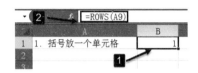

公式

=ROWS(A9)

公式解释

因为参数里只有一个单元格 A9，总行数是 1，所以返回 1。

ROWS 函数的第 2 种用法：参数为单元格区域

公式如下图所示。

公式

=ROWS(A1:A9)

公式解释

因为在此公式中参数为 9 个单元格，共有 9 行，所以结果返回 9。

ROWS 函数的第 3 种用法：参数为常量数组

公式如下图所示。

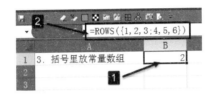

公式

=ROWS({1,2,3;4,5,6})

公式解释

在此公式中，参数{1,2,3;4,5,6}是一个常量数组，且是一个 2 行 3 列的二维数组，所以返回 2。

本案例视频文件：02/案例 137 ROW 函数与 ROWS 函数的区别

案例 138　如何把"2017-10-20"转换为"20171020"

案例及公式如下图所示。使用 TEXT 函数可以把日期 2017-10-20 转换为 20171020。

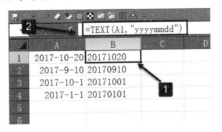

公式

=TEXT(A1,"yyyymmdd")

公式解释

由于 A 列中的数值是标准的日期格式，所以这里直接用 TEXT 函数实现。

第 2 参数："yyyymmdd"，y（year）表示年；m（month）表示月；d（day）表示日。"yyyy" 表示 "2017" 四位数字年份，也可以用 e 替代，即=TEXT(A1,"emmdd")；mm 表示两位数字的月份，如月份为 1，就会显示 01，也就是月份不足两位，会自动添加前导 0；dd 表示两位数字的日，如日期为 1，就会显示 01。

▶ **本案例视频文件**：02/案例 138 如何把 "2017-10-20" 转换为 "20171020"

案例 139　为什么公式=IF(2,3,4)返回 3

这是 IF 函数的一种特殊用法，公式=IF(2,3,4)确实是返回 3，下面解释一下。

参数讲解

IF 函数有 3 个参数。

第 1 参数：逻辑判断，可以为大于（>）、小于（<）、等于（=）、不等于（<>）、大于或等于（>=）、小于或等于（<=）。

第 2 参数：如果第 1 参数判断成立，那么就显示第 2 参数。

第 3 参数：如果第 1 参数判断不成立，那么就显示第 3 参数。

要注意的知识点

在运算时，把 TRUE 当作 1，把 FALSE 当作 0。

当第 1 参数是数值时，如果第 1 参数为 0，则当作 FALSE；如果是其他数值，则全当作 TRUE，总结一句话就是：非 0 为 TRUE。

下面解释公式=IF(2,3,4)为什么返回 3。

=IF(TURE,3,4)返回 3，因为第 1 参数成立，所以返回第 2 参数 3。

=IF(FALSE,3,4)返回 4，原理同上一条。

=IF(1,3,4)返回 3，把 1 当作 TRUE，所以返回 3。

=IF(0,3,4)返回 4，把 0 当作 FALSE，所以返回 4。

所以=IF(2,3,4)返回 3。

▶ **本案例视频文件**：02/案例 139 为什么公式=IF(2,3,4)返回 3

案例 140　隐藏 0 值

案例及公式如下图所示。这里要隐藏单元格中的 0 值。

第 2 章 基础函数：打好基础，轻松实现数据处理

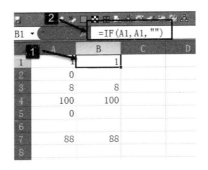

公式

=IF(A1,A1,"")

公式解释

在此公式中，如果 A1 单元格中的值不等于 0，或者不为空单元格，那么就显示 A1 单元格中的值，否则就显示空值。

当然这个公式也可以写成=IF(A1<>0,A1,"")。

▶ 本案例视频文件：02/案例 140 隐藏 0 值

案例 141　计算表达式

这里使用宏表函数加定义名称功能来计算表达式。

步骤 1：把鼠标光标定位到 B2 单元格中。

步骤 2：按快捷键 Ctrl+F3，打开"编辑名称"对话框，新建一个名称。

步骤 3：在"名称"文本框中输入"计算"，在"引用位置"文本框中输入公式"=EVALUATE (Sheet1!A2)"，单击"确定"按钮关闭对话框，如下图所示。

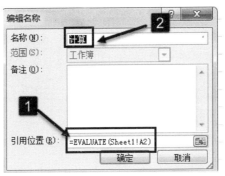

步骤 4：在 B2 单元格中输入公式"=计算"，按 Enter 键后再向下填充公式，得到如下图所示的结果。

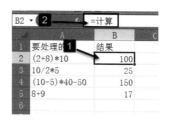

步骤 5：在保存时一定要将保存类型选择为"启用宏工作簿"，从 Excel 2007 版开始，宏表函数属于宏。

▶ **本案例视频文件**：02/案例 141 计算表达式

🔍 **案例 142　如何把"2017.8.30"转换成"2017 年 8 月 30 日"**

案例及公式如下图所示。使用 TEXT 函数可以把"2017.8.30"的日期形式转换成"2017 年 8 月 30 日"的日期形式。

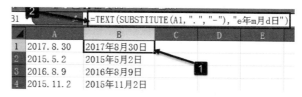

公式

=TEXT(SUBSTITUTE(A1,".","-"),"e 年 m 月 d 日")

公式解释

用 SUBSTITUTE 函数可以把"."替换成"-"。

SUBSTITEUE 函数有 4 个参数，第 1 参数：要处理的文本；第 2 参数：要被替换的值；第 3 参数：替换为的值；第 4 参数：要替换第几个值。

TEXT 函数有两个参数，第 1 参数：要处理的格式，第 2 参数：要显示的格式。

e 相当于"yyyy"，也就是说"e 年 m 月 d 日"可以写成"yyyy 年 m 月 d 日"。

▶ **本案例视频文件**：02/案例 142 如何把"2017.8.30"转换成"2017 年 8 月 30 日"

第 3 章

中级函数：实现批量数据处理

3.1 数组

1. 数组定义

数组就是一个集合，数组中可以有一个或者多个数值。当然，单元格区域引用也可以被看成是数组引用。

2. 普通公式与数组公式的区别

普通公式返回一个值并且占用一个单元格；而数组公式返回一个结果或者多个结果，占用一个单元格或者多个单元格。

普通公式的输入一般不需要使用快捷键（Ctrl+Shift+Enter），数组公式则需要。当然，输入普通公式后按了这个快捷键，普通公式也就变成了数组公式。

3. 如何输入数组公式

输入公式之后，如果返回一个结果，就选择一个单元格，如果返回多个结果，就选择多个单元格，然后把鼠标光标定位在编辑栏中，按快捷键 Ctrl+Shift+Enter。

4．数组的分类

（1）常量数组

有一对大括号，如{1,0};{1;0}; {1,1;1,1}。

（2）区域数组

如果是单元格区域引用，则可以使用类似 A1:A5 的形式。

（3）内存数组

内存数组被保存于计算机内存中。例如，一些数组经过运算得到的数组就是内存数组。举一个例子，{1;2}*{3;4}运算之后得到的就是一个新的内存数组{3;8}，我们可以在公式编辑栏中选中公式={1;2}*{3;4}，然后按快捷键 F9 就会得到{3;8}。

按维度分，数组可以分为一维数组、二维数组、三维数组……一直到六十维数组。

一行/一列引用就是一维数组。

一个工作表里的多行多列引用就是二维数组。

多个工作表的引用就是多维引用。

选择了单元格区域按快捷键 Ctrl+Shift+Enter 后如何修改数组？

选择单元格区域,按快捷键 Ctrl+Shift+Enter 后,不能删除单元格区域中的一个单元格，如果要删除数组，则要选中全部单元格，或者按快捷键 Ctrl+/，再按快捷键 Delete，否则会弹出如下图所示的提示。

要修改数组公式，先选中数组中的一个单元格，在其中修改公式后，还要再次按快捷键 Ctrl+Shift+Enter。

5．数组运算

下面以区域数组为例来讲解数组运算。

第 1 种：1 个单元格与 1 行单元格的运算，如下图所示。

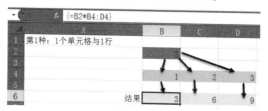

第 2 种：1 个单元格与 1 列单元格的运算，如下图所示。

第 3 种：1 个单元格与多行多列单元格的运算，如下图所示。

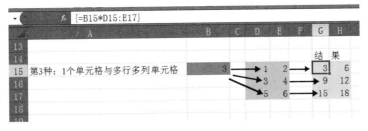

第 4 种：1 行单元格与 1 行单元格的运算，如下图所示。

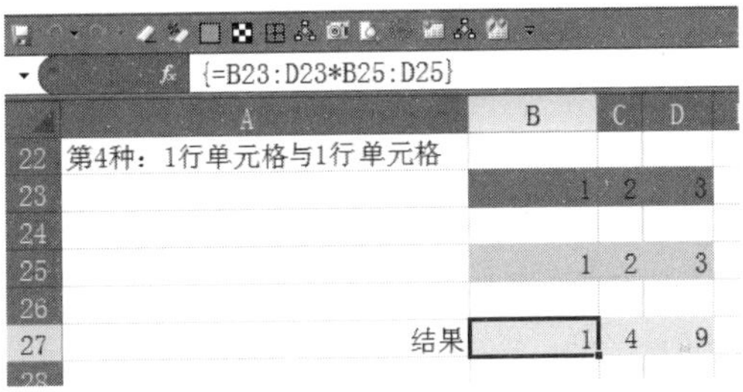

第 5 种：1 列单元格与 1 列单元格的运算，如下图所示。

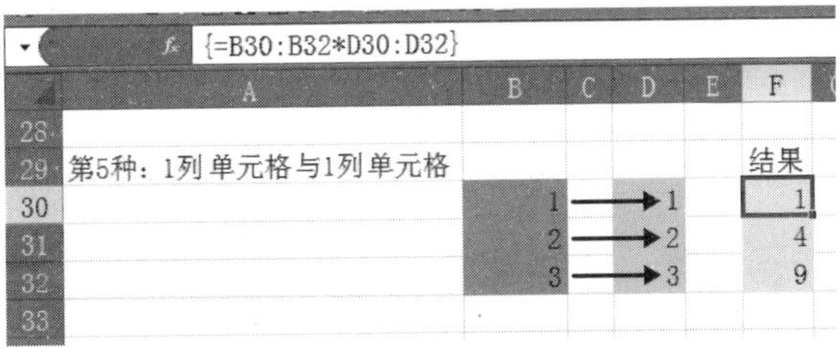

第 6 种：1 行单元格与 1 列单元格的运算，如下图所示。

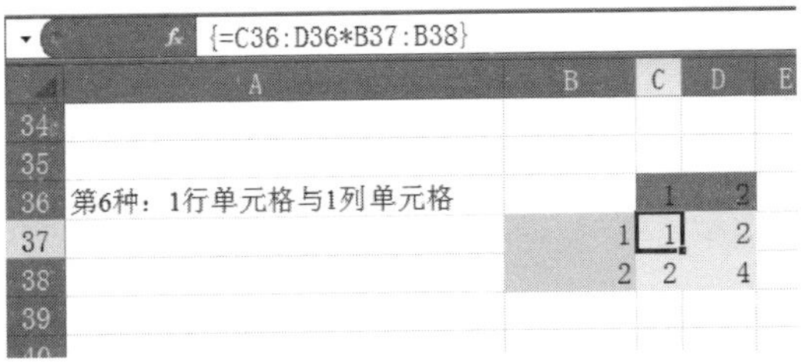

第7种：1行单元格与1个单元格区域的运算，如下图所示。

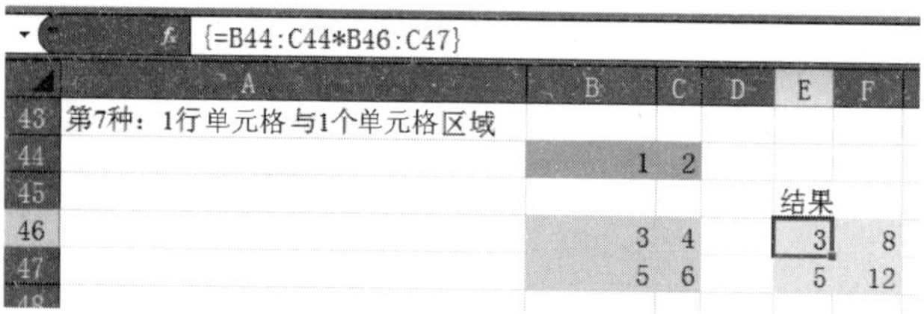

第8种：1列单元格与1个单元格区域的运算，如下图所示。

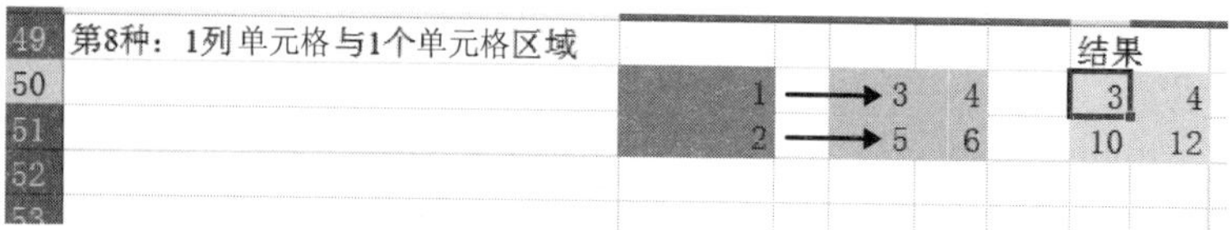

第9种：1个单元格区域与1个单元格区域的运算，如下图所示。

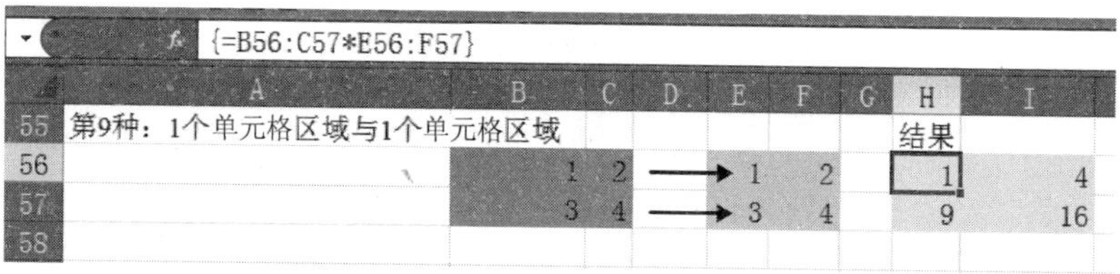

3.2 数组综合案例

案例143　使用数组求 1~100 的和

案例及公式如下图所示。这里要求 1~100 的和。

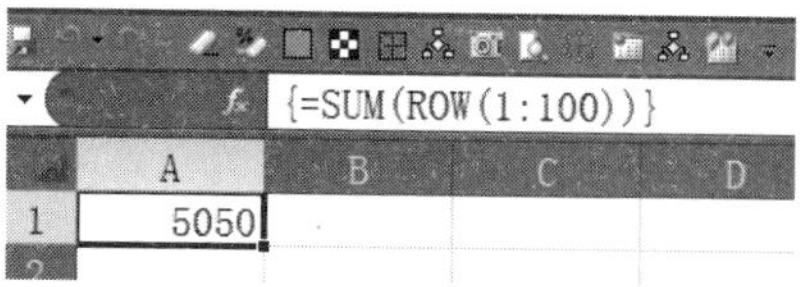

公式

=SUM(ROW(1:100))

公式解释

ROW(1:100)是区域数组，表示 1~100 行的行号， ROW(1:100)返回 1;2;3;4;…;100。最后用 SUM 函数求和。

▶ 本案例视频文件：03/案例 143 使用数组求 1～100 的和

第 3 章 中级函数：实现批量数据处理

案例 144　使用数组求文本中的数字之和

案例及公式如下图所示。这里要求 A 列文本中的数字之和。

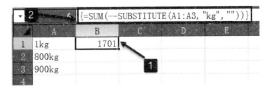

公式

=SUM(--SUBSTITUTE(A1:A3,"kg",""))

公式解释

SUBSTITUE 函数的第 1 参数使用了数组，另外，使用 SUBSTITUE 函数得到的结果是文本型字符，所以还要通过减负运算变为数值型字符。

例如：在 100 前面加一个负号变成-100，在-100 前面再加一个负号，变成了 100，这样 100 就是数值型字符了。

最后再使用 SUM 函数求和。

本案例视频文件：03/案例 144 使用数组求文本中的数字之和

案例 145　使用 MID 函数求单元格中的数字之和

案例及公式如下图所示。这里要求单元格中的数字之和。

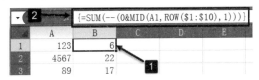

公式

=SUM(--(0&MID(A1,ROW($1:$10),1)))

公式解释

其中 MID 函数的第 2 参数使用了数组，把 A1 单元格中的每一个数字都进行分隔。

由于 A1 单元格中只有 3 个数字，而这里分隔了 10 个位置，经过减负运算后结果为空值，系统会报错，所以这里在 MID 函数前面连接一个 0。最后再用 SUM 函数求和。

本案例视频文件：03/案例 145 使用 MID 函数求单元格中的数字之和

案例 146　使用 LEN 函数统计单元格区域中有多少个字母 A

案例及公式如下图所示。这里要统计 A1:A3 单元格区域中有多少个字母 A。

119

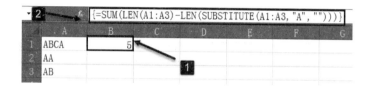

公式

=SUM(LEN(A1:A3)-LEN(SUBSTITUTE(A1:A3,"A","")))

公式解释

其中 LEN 函数的参数和 SUBSTITUTE 函数的第 1 参数用了数组用法。

然后用没有替换之前的字符个数减去替换成空格的个数，即得到 A 的个数。

> **本案例视频文件**：03/案例 146 使用 LEN 函数统计单元格区域中有多少个字母 A

案例 147　使用 RIGHT 函数提取单元格中右边的数字

案例及公式如下图所示。这里要把单元格右边的数字提取出来。

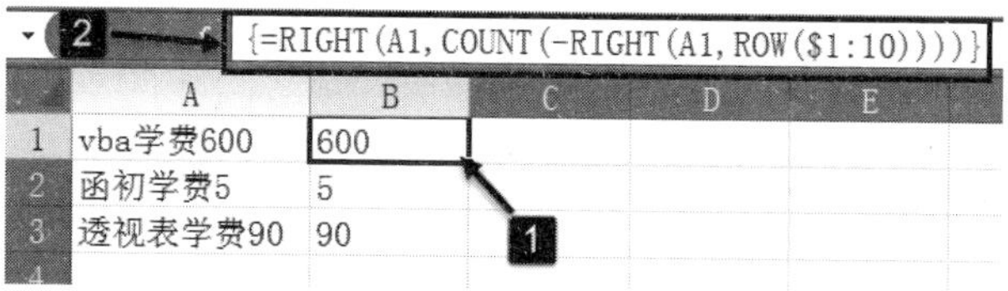

公式

=RIGHT(A1,COUNT(-RIGHT(A1,ROW($1:10))))

公式解释

第 2 个 RIGHT 函数的第 2 参数用了数组，即从 A1 单元格的右边提取 1 个字符，再提取 2 个字符……一直到提取 10 个字符。

为什么要在第 2 个 RIGHT 函数前面加一个负号？因为使用 RIGHT 函数得到的结果是文本型字符，通过加一个负号可以转换为数值型字符，便于 COUNT 函数统计数值型字符的个数。

> **本案例视频文件**：03/案例 147 使用 RIGHT 函数提取单元格中右边的数字

案例 148　使用 SUMIF 函数求张三和李四的销量之和

案例及公式如下图所示。这里要求张三和李四的销量之和。

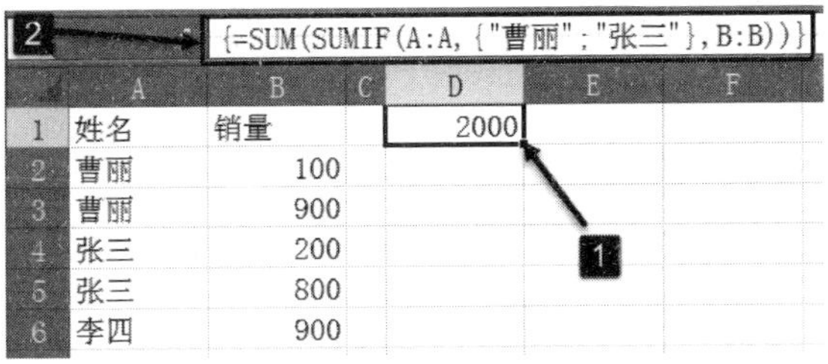

第3章 中级函数：实现批量数据处理

	A	B	C	D	E	F
			{=SUM(SUMIF(A:A,{"曹丽";"张三"},B:B))}			
1	姓名	销量		2000		
2	曹丽	100				
3	曹丽	900				
4	张三	200				
5	张三	800				
6	李四	900				

公式

=SUM(SUMIF(A:A,{"曹丽";"张三"},B:B))

公式解释

SUMIF 函数的第 2 参数用了数组，为什么最后还要使用 SUM 函数求和？因为 SUMIF 函数的第 2 参数有两个条件，返回两个结果，所以要把它们加起来。

▶ **本案例视频文件**：03/案例 148 使用 SUMIF 函数求张三和李四的销量之和

案例 149　使用 VLOOKUP 函数求每个员工上半年和下半年的销量之和

案例及公式如下图所示。这里求员工上半年和下半年的销量之和。

	A	B	C	D	E	F
			{=SUM(VLOOKUP(A2,$A$1:$C$4,{2;3},0))}			
1	姓名	上半年	下半年		500	
2	曹丽	100	400			
3	张三	200	500			
4	李四	300	600			

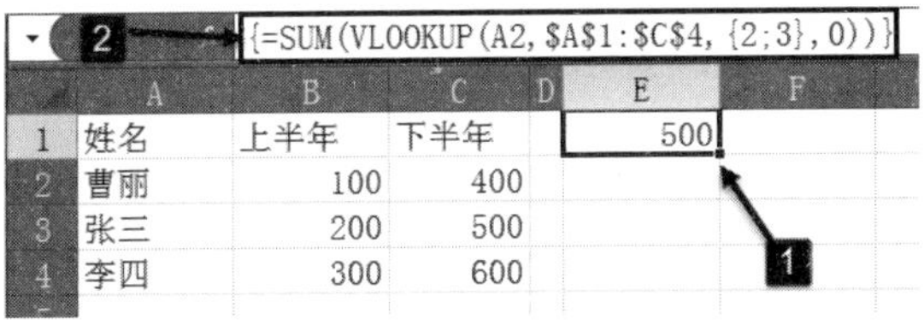

公式

=SUM(VLOOKUP(A2,$A$1:$C$4,{2;3},0))

公式解释

VLOOKUP 函数的第 3 参数用了数组，返回第 2 列和第 3 列中的数值 100 和 400。然后使用 SUM 函数求和。

▶ **本案例视频文件**：03/案例 149 使用 VLOOKUP 函数求每个员工上半年和下半年的销量之和

案例 150　使用 COUNTIF 函数统计字符共出现多少次

案例及公式如下图所示。这里要统计"曹丽"和"张三"共出现多少次？

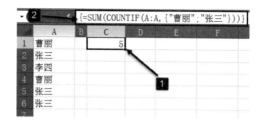

公式

=SUM(COUNTIF(A:A,{"曹丽";"张三"}))

公式解释

其中 COUNTIF 函数的第 2 参数用了数组，两个条件返回两个结果，所以外面还要嵌套一个 SUM 函数用来求和。

> 本案例视频文件：03/案例 150 使用 COUNTIF 函数统计字符共出现多少次

案例 151　使用 MATCH 函数统计不重复值的个数

案例及公式如下图所示。这里要统计不重复值的个数。

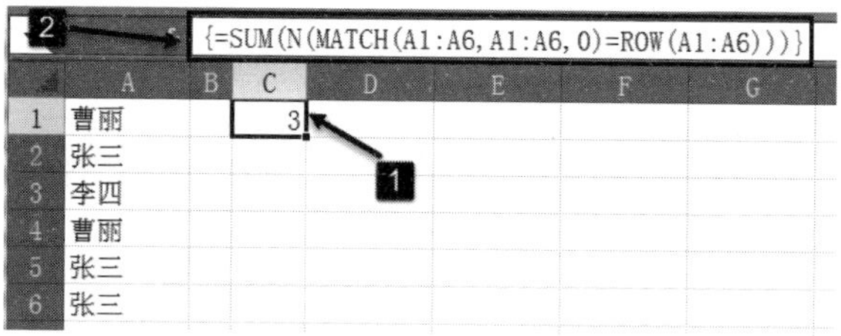

公式

=SUM(N(MATCH(A1:A6,A1:A6,0)=ROW(A1:A6)))

公式解释

MATCH 函数的第 1 参数用了数组，因为查找值有 6 个，所以返回 6 个位置，分别是 {1;2;3;1;2;2}。然后与 ROW(A1:A6)返回的行号{1;2;3;4;5;6}对比，看是否相等，如果相等就返回 TRUE，否则就返回 FALSE。接着通过 N 函数把 TRUE 转换为 1，把 FALSE 转换为 0。另外要注意，此题利用了 MATCH 函数的一个特点来查找值：如果查找值重复出现，则只显示它第 1 次出现的位置，例如"曹丽"第一次出现是在第 1 个位置，在 A4 单元格中又查找到"曹丽"，但也是只返回第一次出现的位置。

> 本案例视频文件：03/案例 151 使用 MATCH 函数统计不重复值的个数

第 3 章 中级函数：实现批量数据处理

案例 152　使用 FIND 函数查找最后一个"/"的位置

案例及公式如下图所示。这里要查找最后一个"/"的位置。

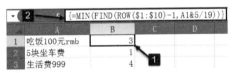

公式

=COUNT(FIND("/",A1,ROW($1:99)))

公式解释

FIND 函数的第 3 参数用了数组，即从第 1 个位置开始查找，只要查找到"/"就会返回一个数值，一直到最后一个"/"之后才会报错。之后用 COUNT 函数计算数值的个数就是最后一个"/"的位置。

▶ **本案例视频文件**：03/案例 152 使用 FIND 函数查找最后一个"/"的位置

案例 153　使用 FIND 函数查找单元格中第一个数字出现的位置

案例及公式如下图所示。这里要查找单元格中第一个数字出现的位置。

公式

=MIN(FIND(ROW($1:$10)-1,A1&5/19))

公式解释

FIND 函数的第 1 参数用了数组，即查找值 ROW($1:$10)，返回结果{1;2;3;4;5;6;7;8;9;10}。之后为什么还要减 1？因为我们需要的 10 个数字是从 0 开始的，不包括 10，所以要将查找值变为{0;1;2;3;4;5;6;7;8;9}，这 10 个值返回 10 个结果。为什么还要连接"5/19？"5/19 得到 0.263157894736842，得到的这个值包含 10 个阿拉伯数字，这相当于 A1&"0123456789"。因为 FIND 函数找不到查找值会报错，这里的目的是容错：第一个数字出现在最前面的位置，所以它的值最小，而后面通过添加 5/19 产生的 10 个阿拉伯数字并不影响第一个数字出现的位置。

▶ **本案例视频文件**：03/案例 153 使用 FIND 函数查找单元格中第一个数字出现的位置

案例 154　使用数组根据日期返回对应的季度

案例及公式如下图所示。这里要根据日期返回对应的季度。

	A	B	C	D	E
1	2018-2-26	第1季度			
2	2018-6-26	第2季度			
3	2018-7-26	第3季度			
4	2018-12-26	第4季度			
5	2018-9-26	第3季度			

B1 单元格公式：="第"&MATCH(MONTH(A1),{1,4,7,10})&"季度"

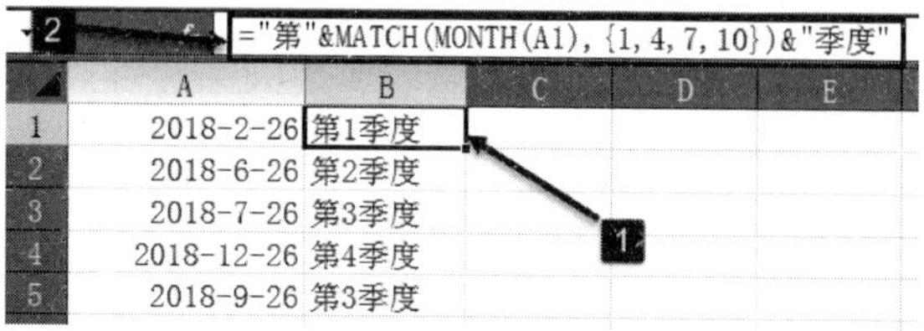

公式

="第"&MATCH(MONTH(A1),{1,4,7,10})&"季度"

公式解释

这是一个普通的公式，不需要按快捷键 Ctrl+Shift+Enter，但是 MATCH 函数的第 2 参数要用常量数组表示。

MATCH 函数的第 3 参数省略了，应该是 1。然后进行模糊匹配，如果找不到相等的值就找比查找值小的值，小的值如果有许多，就找其中最大的那个值。

本案例视频文件：03/案例 154 使用数组根据日期返回对应的季度

案例 155　使用数组隔行求和

案例及公式如下图所示。这里要求偶数行中的数值之和。

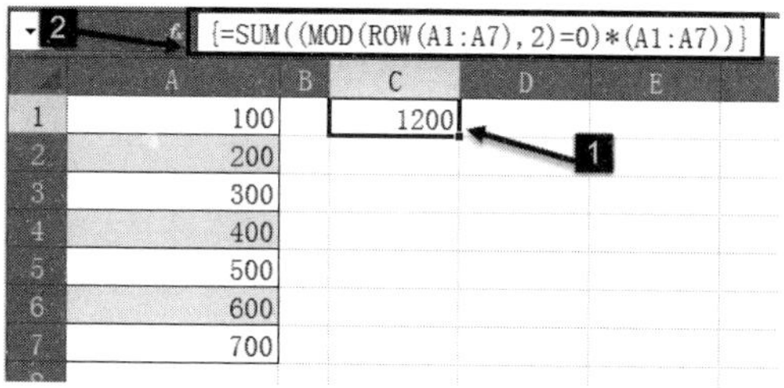

	A	B	C	D	E
1	100		1200		
2	200				
3	300				
4	400				
5	500				
6	600				
7	700				

C1 单元格公式：{=SUM((MOD(ROW(A1:A7),2)=0)*(A1:A7))}

公式

=SUM((MOD(ROW(A1:A7),2)=0)*(A1:A7))

公式解释

MOD 函数的第 1 参数（即被除数）用了数组（A1:A7），返回的结果为{1;2;3;4;5;6;7}。将结果除以 2 分别取它们的余数，得到{1;0;1;0;1;0;1}。然后进行判断，如果结果等于 0，则说明是偶数行，如果结果等于 1，则说明是奇数行。1 乘以数字得到还是原来的数字，0 乘以任意数字都得到 0，然后再求和。

本案例视频文件：03/案例 155 使用数组隔行求和

案例 156　使用数组引用每一行单元格中的最后一个数据

案例及公式如下图所示。

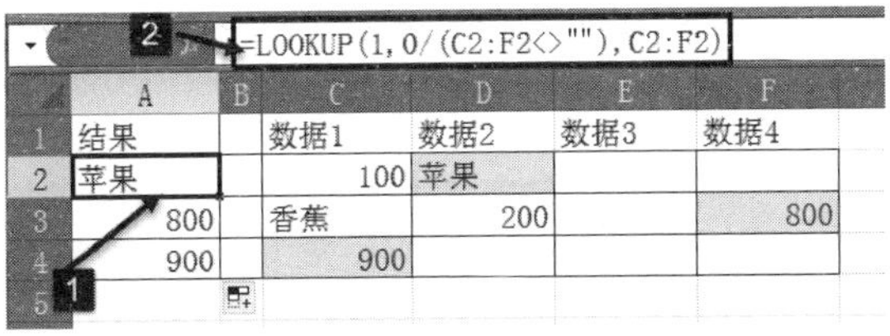

公式

=LOOKUP(1,0/(C2:F2<>""),C2:F2)

公式解释

LOOKUP 函数的第 2 参数用了数组。因为这个函数特殊，所以不需要按快捷键 Ctrl+Shift+Enter 转为数组公式。C2:F2<>""用于判断及返回逻辑值{TRUE,TRUE,FALSE,FALSE}，然后用 0 除以这组逻辑值得到 0 和报错{0,0,#DIV/0!,#DIV/0!}。

本案例视频文件：03/案例 156 使用数组引用每一行单元格中的最后一个数据

案例 157　使用数组引用每一行单元格中的第一个数据

案例及公式如下图所示。这里要引用每一行单元格中的第一个数据。

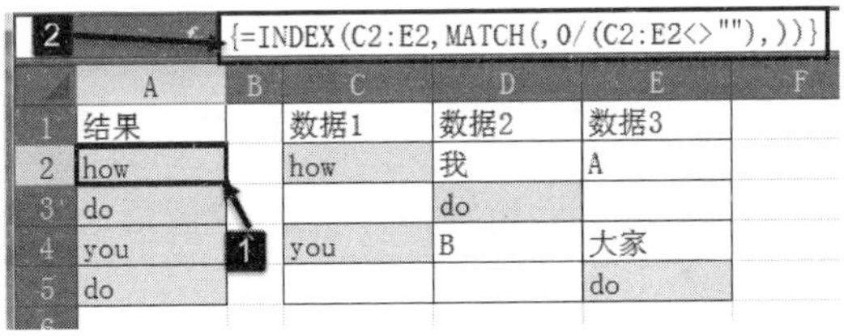

公式

=INDEX(C2:E2,MATCH(,0/(C2:E2<>""),))

公式解释

MATCH 函数的第 2 参数用了数组(C2:E2<>"")，返回{TRUE,TRUE,TRUE}，然后用 0 除以它。因为 0 除以 FALSE 会报错，0 除以 TRUE 会返回 0，所以可以查找第一个 0 的位置。MATCH 函数的第 3 参数为 0，用于精确查找。这里只输入了一个逗号，是省略形式，得到了 INDEX 函数第 3 参数的值。当然这里也可以用 MATCH(1=1,C2:E2<>"",)查找第一个 TRUE 的位置，最后整个公式实际上为：=INDEX(C2:E2,MATCH(1=1,(C2:E2<>""),))，这里的"1=1"返回 TRUE，作为 MATCH 函数的查找值。

▶ **本案例视频文件**：03/案例 157 使用数组引用每一行单元格中的第一个数据

🔍 **案例 158　使用数组统计超过 15 位数字的个数**

案例及公式如下图所示。这里要统计超过 15 位数字的个数。

	A	B	C	D
1	1234567891123456789		1234567891123456789	3
2	1234567891123456789		1234567891123456788	1
3	1234567891123456789			
4	1234567891123456788			
5	1234567891234567889			

{=SUM(N($A$1:$A$5=C1))}

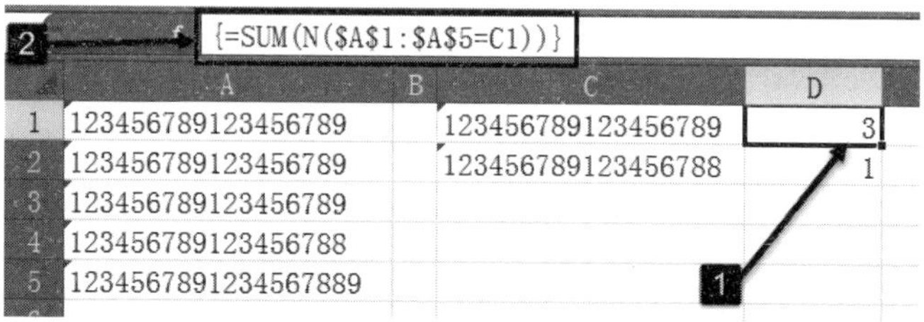

公式

=SUM(N($A$1:$A$5=C1))

公式解释

此公式用于判断单元格区域 A1:A5 中的值是否等于单元格 C1 中的值，如果等于就返回 TRUE，如果不等于就返回 FALSE。再通过 N 函数把 TRUE 转为 1，把 FALSE 转为 0，最后求和。

如果单元格区域 A1:A5 中的数字个数与单元格 C1 中的数字个数一样，则可以在 COUNTIF 函数中加 "*"，即=COUNTIF(A:A,C1&"*")，轻松得到结果（这是一个普通公式，第 1 个公式是数组公式）。

▶ **本案例视频文件**：03/案例 158 使用数组统计超过 15 位数字的个数

🔍 **案例 159　使用 MID 函数提取单元格中最后一个逗号后面的数据**

案例及公式如下图所示。这里要提取单元格中最后一个逗号后面的数据。

	A	B
1	语文,数学,英文	英文
2	地理,政治	政治
3	化学,物理,历史,体育	体育

{=MID(A1,MATCH(1,0/(MID(A1,ROW($1:$30),1)=","))+1,99)}

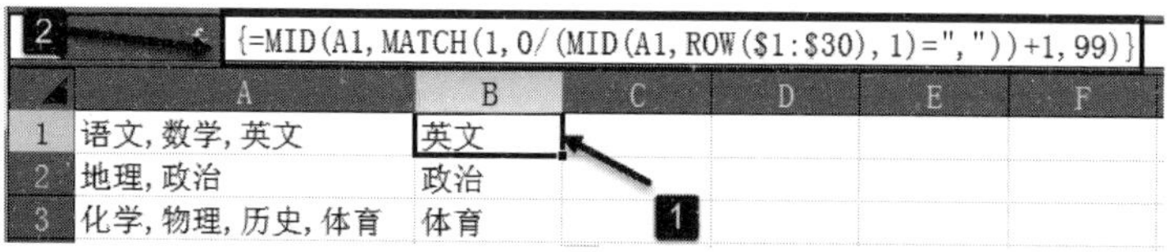

公式

=MID(A1,MATCH(1,0/(MID(A1,ROW($1:$30),1)=","))+1,99)

公式解释

此公式先用 MID 函数把每一个字符进行分隔，然后判断它是否等于逗号。如果等于就返回 TRUE，如果不等于就返回 FALSE。

再用 0 除以结果，得到一串 0 和报错：0 除以 FALSE 会报错，0 除以 1 等于 0。0/(MID(A1,ROW($1:$30),1)=",")返回{#DIV/0!;#DIV/0!;0;#DIV/0!;#DIV/0!;0;#DIV/0!}，作为 MATCH 函数的第 2 参数。

MATCH 函数的第 3 参数为 1，这里省略了，只写了两个参数。另外，在此案例中，逗号必须是在英文半角状态输入的。

▶ **本案例视频文件**：03/案例 159 使用 MID 函数提取单元格中最后一个逗号后面的数据

案例 160 使用 MID 函数提取数字

案例及公式如下图所示。这里要从中英文中提取数字。

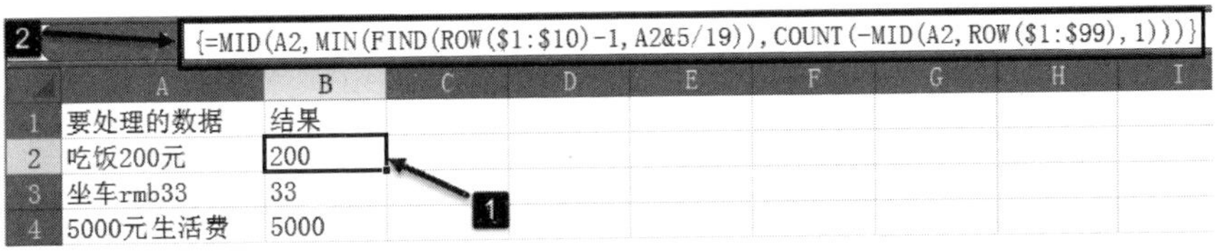

	A	B	C	D	E	F	G	H	I
1	要处理的数据	结果							
2	吃饭200元	200							
3	坐车rmb33	33							
4	5000元生活费	5000							

顶部公式栏：{=MID(A2,MIN(FIND(ROW($1:$10)-1,A2&5/19)),COUNT(-MID(A2,ROW($1:$99),1)))}

公式

=MID(A2,MIN(FIND(ROW($1:$10)-1,A2&5/19)),COUNT(-MID(A2,ROW($1:$99),1)))

公式解释

这里使用 COUNT(-MID(A2,ROW($1:$99),1))返回单元格中（A2）数字的个数。为什么在 MID 函数前面加一个负号？因为 MID 函数得到的是文本型数字。COUNT 函数用于统计数值型数字的个数。

▶ **本案例视频文件**：03/案例 160 使用 MID 函数提取数字

案例 161 使用 IF+VLOOKUP 函数实现反向查找

案例及公式如下图所示。这里要通过工号查找对应的姓名，即实现反向查找。

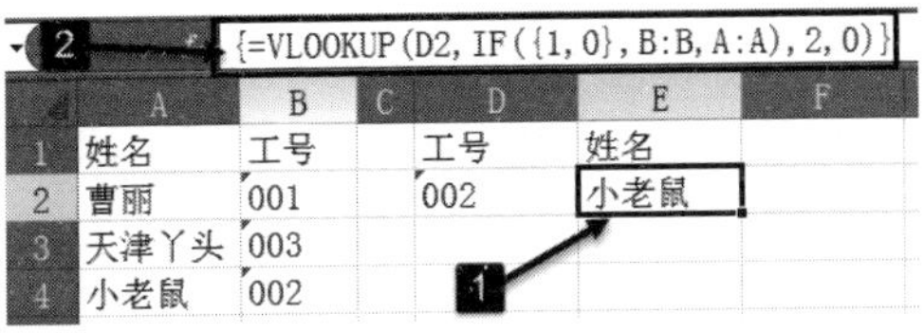

	A	B	C	D	E	F
1	姓名	工号		工号	姓名	
2	曹丽	001		002	小老鼠	
3	天津丫头	003				
4	小老鼠	002				

公式

=VLOOKUP(D2,IF({1,0},B:B,A:A),2,0)

公式解释

IF({1,0},B:B,A:A)的作用是把 B 列中的内容和 A 列中的内容调换，让 B 列中的内容在首列。

{1,0}是一个常量数组，同时显示 B 列和 A 列中的内容。

▶ **本案例视频文件**：03/案例 161 使用 IF+VLOOKUP 函数实现反向查找

案例 162　使用 CHOOSE 函数实现反向查找

案例及公式如下图所示。这里要通过工号查找对应的姓名和数量。

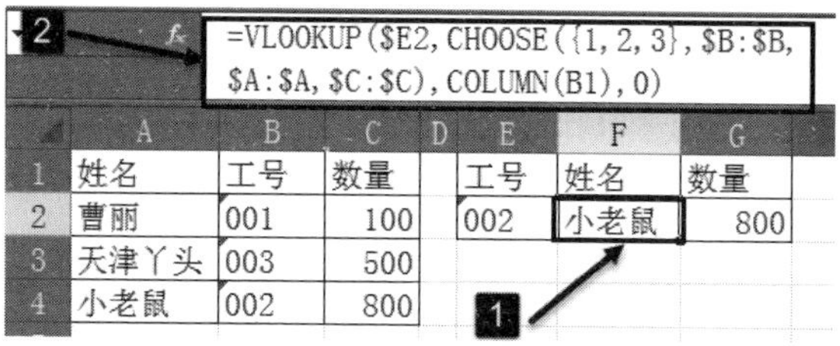

公式

=VLOOKUP($E2,CHOOSE({1,2,3},$B:$B,$A:$A,$C:$C),COLUMN(B1),0)

公式解释

在 CHOOSE({1,2,3},$B:$B,$A:$A,$C:$C)中，其中 CHOOSE 函数的第 1 参数为数组，同时显示 3 列，且 B 列内容在首列。

使用 CHOOSE 函数优于使用多层 IF 函数实现反向查找。如果要使用 IF 函数，则公式为：
=VLOOKUP($E$2,IF({1,1,0},IF({1,0},$B:$B,$A:$A),$C:$C),COLUMN(B2),0)

▶ **本案例视频文件**：03/案例 162 使用 CHOOSE 函数实现反向查找

案例 163　使用 COUNTIF 函数统计大于 100 且小于 200 的数字个数

案例及公式如下图所示。这里要统计 A 列中大于 100 且小于或等于 200 的数字个数。

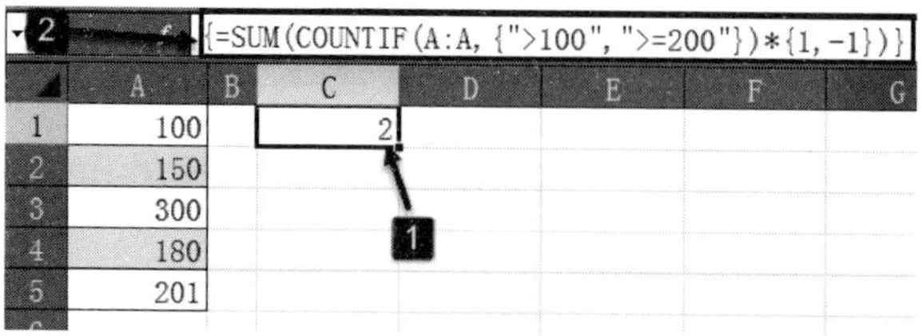

公式

=SUM(COUNTIF(A:A,{">100",">=200"})*{1,-1})

公式解释

COUNTIF 函数的第 2 参数为数组，此函数还包括了两个条件，最后返回两个结果{4,2}。

之后再将这两个结果和常量数组{1,-1}相乘，目的就是过滤大于或等于 200 的数值，得到 A 列中大于 100 且小于 200 的数字个数。当然也可以用 COUNTIFS 函数简单实现相同的目的：=COUNTIFS(A:A,">100",A:A,"<200")。

本案例视频文件：03/案例 163 使用 COUNTIF 函数统计大于 100 且小于 200 的数字个数

案例 164　双条件查找的 7 种方法

这里要根据姓名和科目查找分数。

第 1 种方法：使用 SUMIFS 函数

案例及公式如下图所示。这里要通过姓名和科目查找对应的分数。

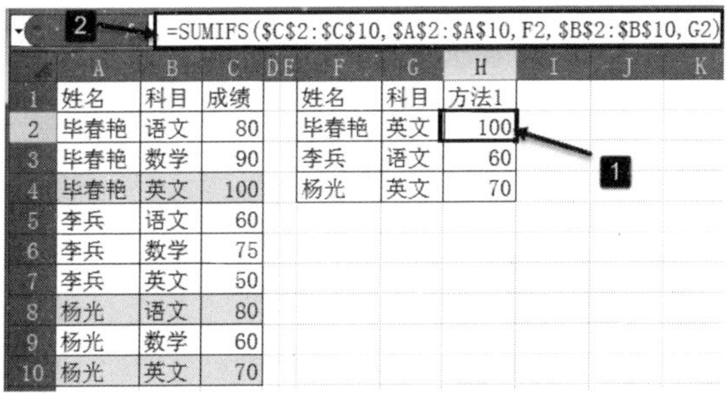

	A	B	C	D	E	F	G	H	I	J	K
1	姓名	科目	成绩			姓名	科目	方法1			
2	毕春艳	语文	80			毕春艳	英文	100			
3	毕春艳	数学	90			李兵	语文	60			
4	毕春艳	英文	100			杨光	英文	70			
5	李兵	语文	60								
6	李兵	数学	75								
7	李兵	英文	50								
8	杨光	语文	80								
9	杨光	数学	60								
10	杨光	英文	70								

公式

=SUMIFS($C$2:$C$10,$A$2:$A$10,F2,$B$2:$B$10,G2)

公式解释

由于在数据源中，根据姓名和科目这两个条件同时查找到的值不会重复，所以，这里可以用 SUMIFS 函数实现多条件求和，也可以用来查询数值。

第 2 种方法：使用 VLOOKUP 函数

案例及公式如下图所示。

公式

=VLOOKUP(F2&G2,IF({1,0},$A$2:$A$10&$B$2:$B$10,$C$2:$C$10),2,)

公式解释

这里通过 IF 函数把 A 列和 B 列变成了一列，且作为 VLOOKUP 函数的第 2 参数的首列，C 列作为 VLOOKUP 函数的第 2 参数的第 2 列，这样就把两个条件变成了一个条件进行查找了。

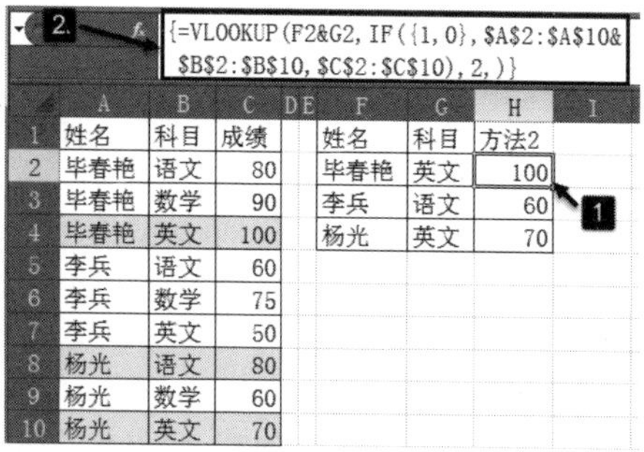

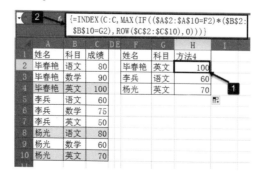

第 3 种方法：使用 DSUM 函数

案例及公式如下图所示。

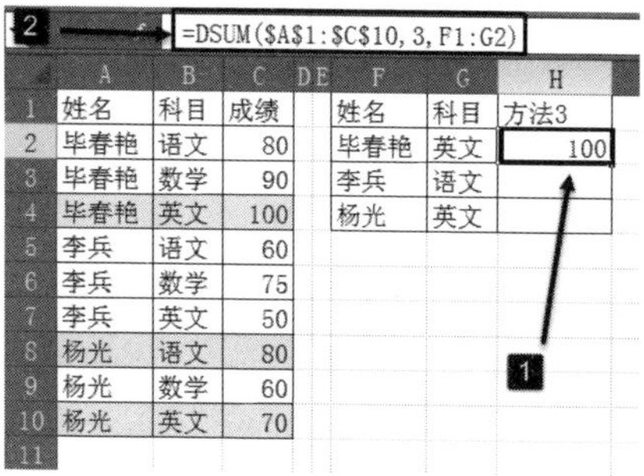

公式

=DSUM($A$1:$C$10,3,F1:G2)

公式解释

这个函数的缺点是不能向下填充公式。其中第 1 参数为数据源 A1:C10；第 2 参数为返回第几列（3）；第 3 参数为包含指定条件的单元格区域（F1:G2）。

第 4 种方法：使用 INDEX 函数

案例及公式如下图所示。

公式

=INDEX(C:C,MAX(IF(($A$2:$A$10=F2)*($B$2:$B$10=G2),ROW($C$2:$C$10),0)))

公式解释

在此公式中，当两个条件都满足时，就返回它们的行号，否则就返回 0。因为这里只需要满足其中一个条件，所以取最大值得到满足条件的行号，再用 INDEX 函数引用对应的数值。

> **温馨提示** 如果需要两个条件都满足，则在两个条件中用乘号相连，如果是只满足一个条件即可，则在两个条件中用加号相连。

第 5 种方法：使用 LOOKUP 函数

案例及公式如下图所示。

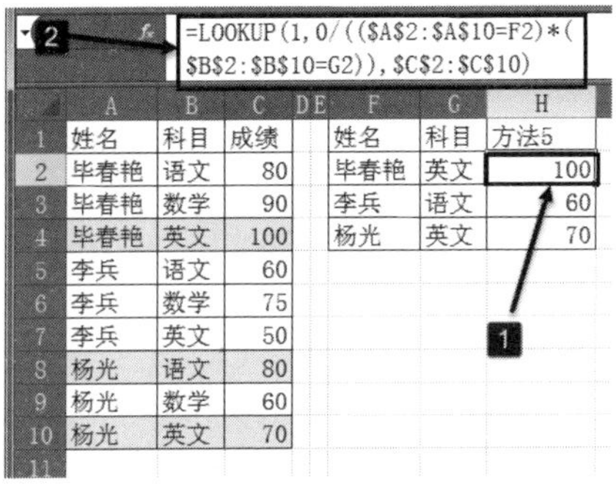

公式

=LOOKUP(1,0/(($A$2:$A$10=F2)*($B$2:$B$10=G2)),$C$2:$C$10)

公式解释

当两个条件$A$2:$A$10=F2 和$B$2:$B$10=G2 都满足时就返回 TRUE，否则就返回 FALSE。然后用 0 除以这个一维数组，0/FALSE 会报错，0/TRUE 等于 0。

LOOKUP 函数有一个特性：如果查找值大于第 2 参数的最大值，就定位最后一个数值的位置，这里就是定位最后一个 0 的位置，然后返回第 3 参数对应的位置。

第 6 种方法：使用 SUMPROUCT 函数

案例及公式如下图所示。

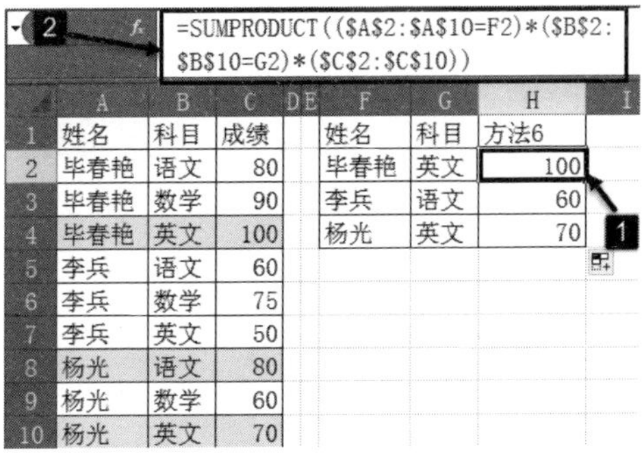

公式

=SUMPRODUCT(($A$2:$A$10=F2)*($B$2:$B$10=G2)*($C$2:$C$10))

公式解释

在此公式中，如果两个条件都满足，则返回 TRUE，再乘以 C 列的成绩，然后再求和。

第 7 种方法：使用 OFFSET 函数

案例及公式如下图所示。

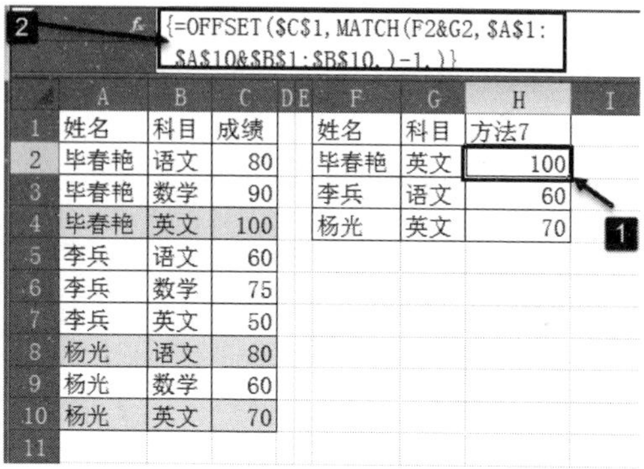

	A	B	C	D	E	F	G	H	I
1	姓名	科目	成绩			姓名	科目	方法7	
2	毕春艳	语文	80			毕春艳	英文	100	
3	毕春艳	数学	90			李兵	语文	60	
4	毕春艳	英文	100			杨光	英文	70	
5	李兵	语文	60						
6	李兵	数学	75						
7	李兵	英文	50						
8	杨光	语文	80						
9	杨光	数学	60						
10	杨光	英文	70						
11									

公式栏显示：{=OFFSET($C$1,MATCH(F2&G2,$A$1:$A$10&$B$1:$B$10,)-1,)}

公式

=OFFSET($C$1,MATCH(F2&G2,$A$1:$A$10&$B$1:$B$10,)-1,)

公式解释

MATCH 函数把两个条件通过连接符&变成一个条件(F2&G2,$A$1:$A$10&$B$1:$B$10,)，找到两个条件满足的位置后，用 OFFSET 函数来返回成绩。

可以用 INDIRECT 和 INDEX 函数得到同样的结果：

=INDIRECT("R"&MATCH(F2&G2,$A$1:$A$10&$B$1:$B$10,)&"C3",)

=INDEX(C:C,MATCH(F2&G2,$A$1:$A$10&$B$1:$B$10,))

▶ **本案例视频文件**：03/案例 164 双条件查找的 7 种方法

🔍 **案例 165 使用 INDEX 函数实现一对多查询并且纵向显示结果**

案例及公式如下图所示。这里要根据姓名查找对应的爱好，并纵向显示结果。

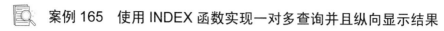

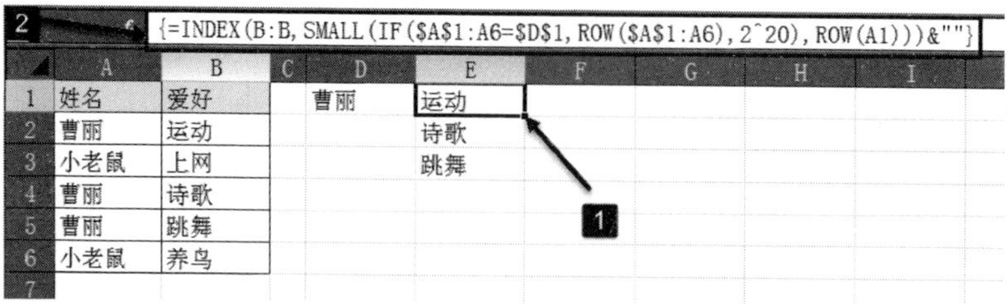

	A	B	C	D	E	F	G	H	I
1	姓名	爱好		曹丽	运动				
2	曹丽	运动			诗歌				
3	小老鼠	上网			跳舞				
4	曹丽	诗歌							
5	曹丽	跳舞							
6	小老鼠	养鸟							
7									

公式栏显示：{=INDEX(B:B,SMALL(IF($A$1:A6=$D$1,ROW($A$1:A6),2^20),ROW(A1)))&""}

公式

=INDEX(B:B,SMALL(IF($A$1:A6=$D$1,ROW($A$1:A6),2^20),ROW(A1)))&""

公式解释

如果在单元格区域 A1:A6 中有姓名等于"曹丽"的,就显示它们的行号,否则就显示 2^20,也就是 Excel 2010 版本最大的行号。

使用 SMALL 函数在向下填充公式时会产生由倒第 1 小的行号,倒数第 2 小的行号……组成的序列,最后用 INDEX 函数引用对应的爱好。

为什么后面还要连接一对空引号("")?这样做的目的是屏蔽引用空单元格产生的 0。

▶ 本案例视频文件:03/案例 165 使用 INDEX 函数实现一对多查询并且纵向显示结果

案例 166 使用 INDEX 函数实现一对多查询并且横向显示结果

案例及公式如下图所示。这里要根据姓名查找对应的爱好,并横向显示结果。

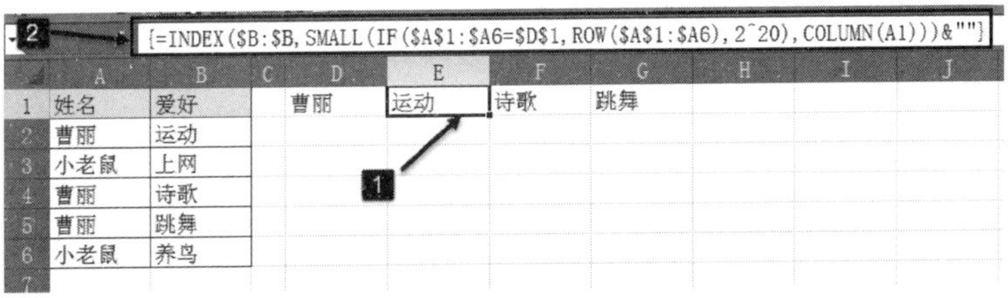

公式

=INDEX($B:$B,SMALL(IF($A$1:$A6=$D$1,ROW($A$1:$A6),2^20),COLUMN(A1)))&""

公式解释

公式原理同案例 165,只是这里使用了 COLUMN 函数。

▶ 本案例视频文件:03/案例 166 使用 INDEX 函数实现一对多查询并且横向显示结果

案例 167 实现一对多查询并且将结果用顿号分隔

案例及公式如下图所示。这里要根据姓名查找对应的爱好,且将结果用顿号分隔。

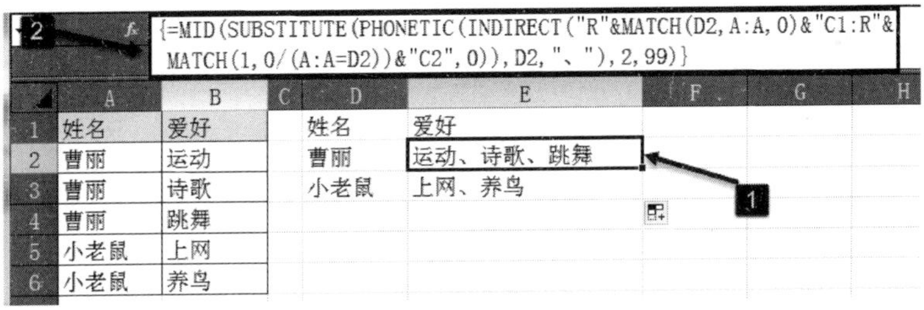

公式

=MID(SUBSTITUTE(PHONETIC(INDIRECT("R"&MATCH(D2,A:A,0)&"C1:R"&MATCH(1,0/(A:A=D2))&"C2",0)),D2,"、"),2,99)

公式解释

要得到我们需要的结果，前提条件是把 A 列中的姓名进行排序，让相同的姓名连在一起。

这里用两个 MATCH 函数找到查找值，即第 1 个姓名和最后一个姓名的位置作为 INDIRECT 函数的参数。INDIRECT 函数返回的是一个动态单元格区域，然后在其外面嵌套一个连接函数 PHONETIC，把姓名和爱好连接起来。

接着用替换函数 SUBSTITUTE 把姓名替换成顿号，然后通过 MID 函数过滤第 1 个顿号，从第 2 个位置开始提取，提取 99 个字符。

▶ **本案例视频文件**：03/案例 167 实现一对多查询并且将结果用顿号分隔

案例 168　LOOKUP+FIND 函数的经典组合应用

案例及公式如下图所示。这里根据 A 列中水果的品名，在 E1:E7 单元格中找到对应的种类。

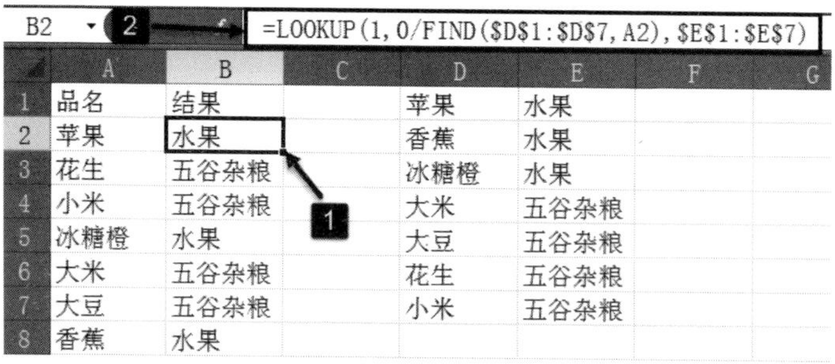

	A	B	C	D	E
1	品名	结果		苹果	水果
2	苹果	水果		香蕉	水果
3	花生	五谷杂粮		冰糖橙	水果
4	小米	五谷杂粮		大米	五谷杂粮
5	冰糖橙	水果		大豆	五谷杂粮
6	大米	五谷杂粮		花生	五谷杂粮
7	大豆	五谷杂粮		小米	五谷杂粮
8	香蕉	水果			

B2 =LOOKUP(1,0/FIND($D$1:$D$7,A2),$E$1:$E$7)

公式

=LOOKUP(1,0/FIND($D$1:$D$7,A2),$E$1:$E$7)

公式解释

FIND 函数的第 1 参数为数组，返回的是一个数值。接着再用 0 除以 FIND 函数得到 0 和报错。

根据 LOOKUP 函数的特性，如果查找值大于第 2 参数的最大值，就定位最后一个数字的位置，然后返回第 3 参数对应的值。

▶ **本案例视频文件**：03/案例 168 LOOKUP+FIND 函数的经典组合应用

案例 169　单列去重

案例及公式如下图所示。

公式

=INDEX(A:A,SMALL(IF(MATCH($A$2:A6&"",$A$2:A6&"",0)=ROW($A$2:A6)-1,ROW($A$2:A6),2^20),ROW(A1)))&""

公式解释

在上面的函数中，MATCH($A$2:A6&"",$A$2:A6&"",0)=ROW($A$2:A6)-1 利用 MATCH 函数的特点：如果查找值重复出现，则只显示查找值第 1 次出现的位置，然后和 ROW($A$2:A6)结果对比。为什么要减 1？因为 ROW($A$2:A6)是从 2 开始计算的，而 MATCH 函数是从 1 开始查找的。

为什么 MATCH 函数的参数还要连接""？这里是为了容错,当向下填充公式时,$A$2:A6 中的 A6 单元格就会变成 A7 单元格，A7 单元格是空单元格，公式就会报错，在其后加了"" 就不会报错了。

为什么公式最后还要连接""？这是为了屏蔽引用空单元格时显示的 0。

本案例视频文件：03/案例 169 单列去重

案例 170　多列去重

案例及公式如下图所示。这里要将 A、C、F 列中的值去重。

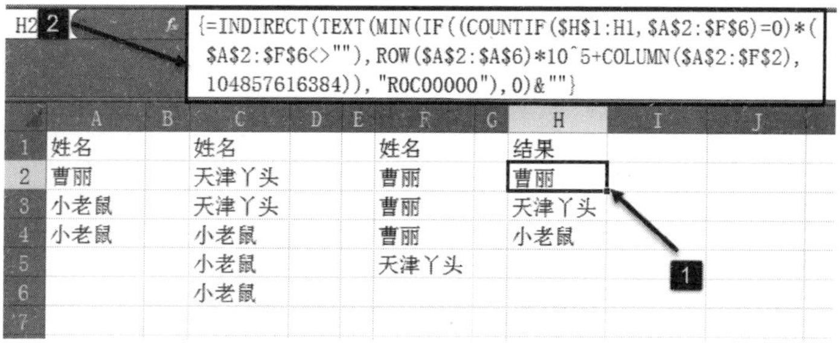

公式

=INDIRECT(TEXT(MIN(IF((COUNTIF($H$1:H1,$A$2:$F$6)=0)*($A$2:$F$6<>""),ROW($A$2:$A$6)*10^5+COLUMN($A$2:$F$2),104857616384)),"R0C00000"),0)&""

公式解释

在(COUNTIF($H$1:H1,$A$2:$F$6)=0)*($A$2:$F$6<>"")中，如果 H 列中出现一个姓名，则 COUNTIF 函数统计的姓名就不是 0，同时要满足单元格区域不等于空。如果这两个条件都成立，就显示行号加权后再加上列号的结果，否则就显示 104857616384，即最大的行号连接最大的列号。

为什么要对行号加权呢？因为数据源是多行多列的二维区域。

这个公式中的 MIN 函数也用得很巧妙，当"曹丽"在单元格 H2 中出现时，最小值不是 200001，而是 200003，也就是引用的第 2 行中第 3 列的"天津丫头"了。

▶ 本案例视频文件：03/案例 170 多列去重

案例 171　中国式排名

案例及公式如下图所示。这里要根据 A 列中的分数进行中国式排名。

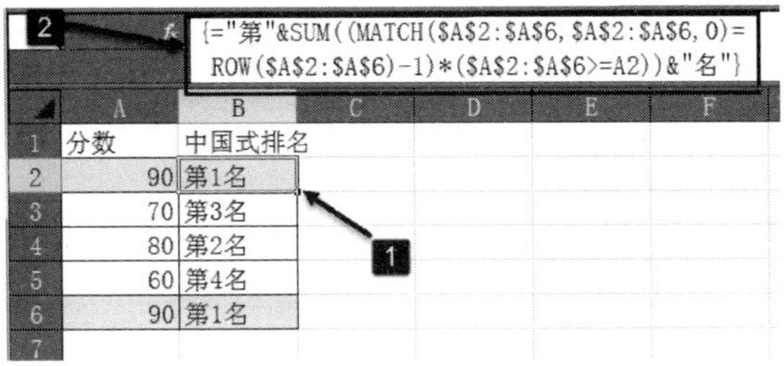

	A	B
1	分数	中国式排名
2	90	第1名
3	70	第3名
4	80	第2名
5	60	第4名
6	90	第1名

B2 单元格公式：{="第"&SUM((MATCH($A$2:$A$6,$A$2:$A$6,0)=ROW($A$2:$A$6)-1)*($A$2:$A$6>=A2))&"名"}

公式

="第"&SUM((MATCH($A$2:$A$6,$A$2:$A$6,0)=ROW($A$2:$A$6)-1)*($A$2:$A$6>=A2))&"名"

公式解释

如上图所示，如果表中有两个 90 分，则其排名为并列第 1 名，这就是中国式排名。而美国式排名就不一样了，如果有两个 90 分，则一个是第 1 名，另一个只能是第 2 名。

根据 MATCH 函数的特性，在 MATCH($A$2:$A$6,$A$2:$A$6,0)=ROW($A$2:$A$6)-1 中，如果字符重复出现，就将其第 1 次出现的位置与其行号 ROW($A$2:$A$6)-1 进行对比，如果相等而且$A$2:$A$6>=A2（A2:A6 单元格区域中的值大于或等于 A2 单元格中的值）条件也成立，就返回 1，否则就返回 0，然后再用 SUM 函数求和。

▶ 本案例视频文件：03/案例 171 中国式排名

案例 172 美国式排名

案例及公式如下图所示。这里要根据 A 列中的分数进行美国式排名。

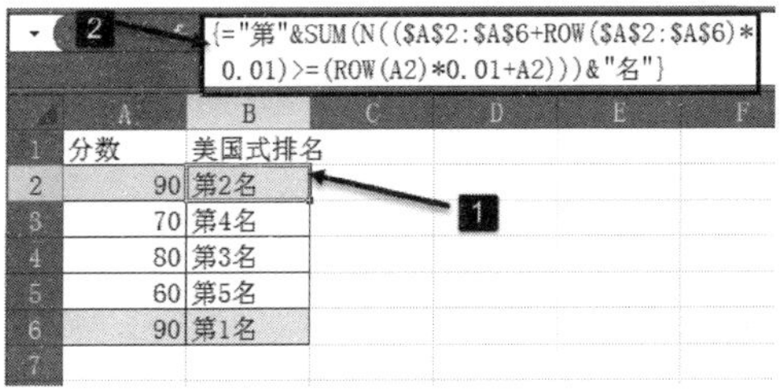

公式

`="第"&SUM(N(($A$2:$A$6+ROW($A$2:$A$6)*0.01)>=(ROW(A2)*0.01+A2)))&"名"`

公式解释

($A$2:$A$6+ROW($A$2:$A$6)*0.01)用于对行号进行加权。由于在本案例中，当分数相同时不能并列取名次，所以这里让相同的分数变成不相同的分数，即给它们加上自己的行号乘以 0.01 的积。

同时，(ROW(A2)*0.01+A2)用于给每一个单元格中的值加同样的权重，然后进行判断。

为什么还要使用 N 函数？使用 N 函数用于把 TRUE 转为 1，把 FASLE 转为 0，然后再用 SUM 函数求和。

本案例视频文件：03/案例 172 美国式排名

案例 173 多工作表汇总

案例及公式如下图所示。这里要根据 A 列中的值，汇总"1 月"至"3 月"表中对应的数量。

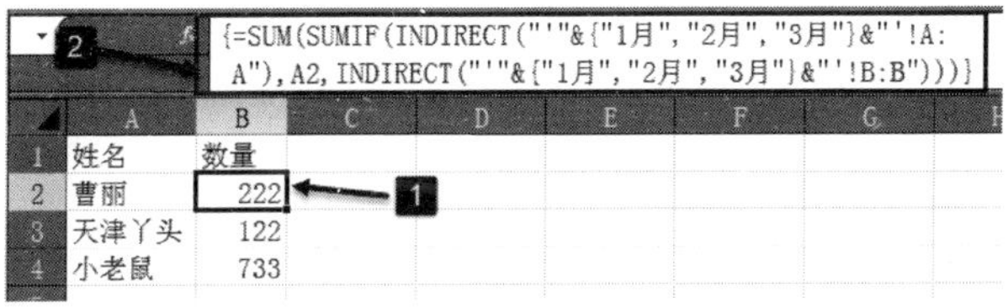

公式

`=SUM(SUMIF(INDIRECT("'"&{"1 月","2 月","3 月"}&"'!A:A"),A2,INDIRECT("'"&{"1 月","2 月","3 月"}&"'!B:B")))`

公式解释

SUMIF 函数在此处起两个作用：一是把每一个工作表中的姓名汇总，二是降维。

在此公式中，第 1 个 INDIRECT 函数返回每一个工作表的 A 列，第 2 个 INDIRECT

函数返回每一个工作表的 B 列。

为什么最后还要用 SUM 函数求和？因为要把每一个工作表中的姓名对应的数量汇总。

▶ **本案例视频文件**：03/案例 173 多工作表汇总

案例 174　目录制作

案例及公式如下图所示。这里要在 A 列中显示月份目录。

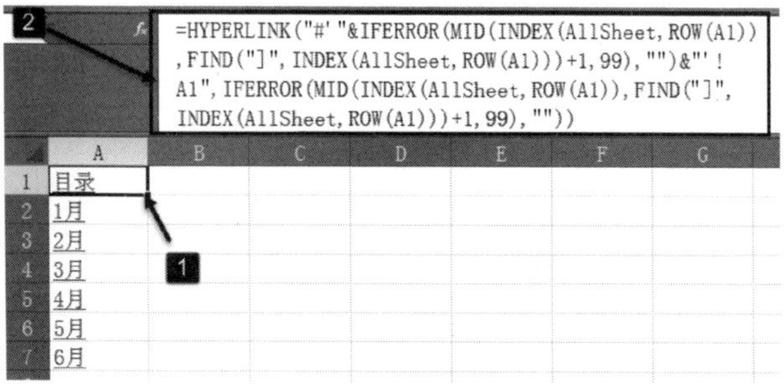

```
=HYPERLINK("#'"&IFERROR(MID(INDEX(AllSheet,ROW(A1))
,FIND("]",INDEX(AllSheet,ROW(A1)))+1,99),"")&"'!
A1",IFERROR(MID(INDEX(AllSheet,ROW(A1)),FIND("]",
INDEX(AllSheet,ROW(A1)))+1,99),""))
```

	A	B	C	D	E	F	G
1	目录						
2	1月						
3	2月						
4	3月						
5	4月						
6	5月						
7	6月						

公式

=HYPERLINK("#'"&IFERROR(MID(INDEX(AllSheet,ROW(A1)),FIND("]",INDEX(AllSheet,ROW(A1)))+1,99),"")&"'!A1",IFERROR(MID(INDEX(AllSheet,ROW(A1)),FIND("]",INDEX(AllSheet,ROW(A1)))+1,99),""))

公式解释

AllSheet 是定义的名称。按快捷键 Ctrl+F3 可以打开"名称"对话框，在其中可以将单元格名称定义为 AllSheet；在"引用位置"文本框中输入宏表函数=GET.WORKBOOK(1)。这个宏表函数的作用就是返回当前工作簿路径、工作簿名称的扩展名及所有工作表名。

通过 INDEX 函数引用每一个工表名。

通过 FIND 函数找到"]"的位置，再加上 1，作为 MID 函数的第 2 参数，也就是把前面的路径和工作簿名称的扩展名去掉，包括"]"。

这里的 IFERROR 函数是为了屏蔽错误值，在向下填充公式时，没有工作表名就会报错（举个例子，一个工作簿中只有 6 个工作表，把公式向下填充到第 7 个单元格时就会报错，因为没有第 7 个工作表）。

HYPERLINK 函数有两个参数，第 1 参数为#+单引号+工作表名+单引号+! +A1；第 2 参数是表名；另外，每一个参数都是文本，记得要加双引号。

另外，一定要将工作簿另存为启用宏工作簿，否则会报错，因为 GET.WORKBOOK 是宏表函数。

▶ **本案例视频文件**：03/案例 174 目录制作

案例 175　VLOOKUP 函数的第 1 参数数组用法

案例及公式如下图所示。计算"曹丽"和"小老鼠"对应的数量之和。

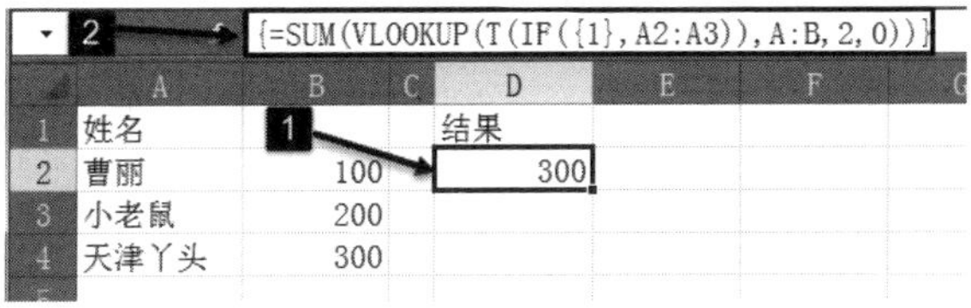

公式
=SUM(VLOOKUP(T(IF({1},A2:A3)),A:B,2,0))

公式解释
VLOOKUP 函数的第 1 参数不能直接引用两个及两个以上单元格中的值,要通过 T+IF 函数转换一下。

▶ 本案例视频文件：03/案例 175 VLOOKUP 函数的第 1 参数数组用法

案例 176　计算体积

案例及公式如下图所示。这里要根据 A 列中的数值，计算出对应的体积。

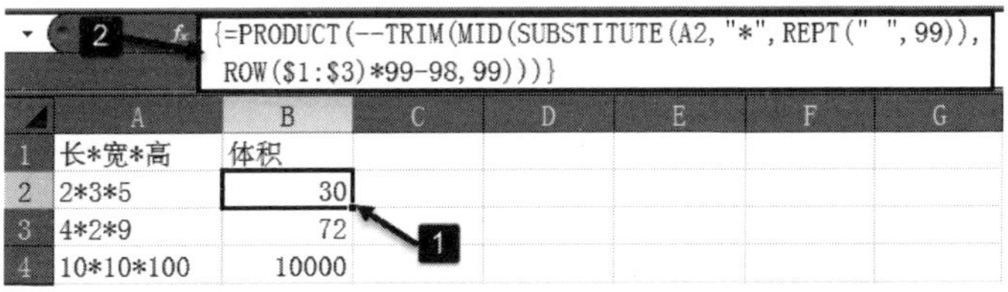

公式
=PRODUCT(--TRIM(MID(SUBSTITUTE(A2,"*",REPT(" ",99)),ROW($1:$3)*99-98,99)))

公式解释
REPT(" ",99)：产生 99 个空格。
SUBSTITUTE(A2,"*",REPT(" ",99))：把*替换成 99 个空格。
MID(SUBSTITUTE(A2,"*",REPT(" ",99)),ROW($1:$3)*99-98,99)：把每个数据提取出来。
TRIM 函数用于去掉数据前后的空格。
为什么还要加"- -"，因为使用 MID 函数得到的是文本型数据。
最后用 PRODUCT 函数把 MID 函数提取出来的 3 个数值相乘。

▶ 本案例视频文件：03/案例 176 计算体积

案例 177　把 9*20*30 中的数字分别提取到 3 个单元格中

案例及公式如下图所示。这里要将 A 列中的值分别提取到 3 个单元格中。

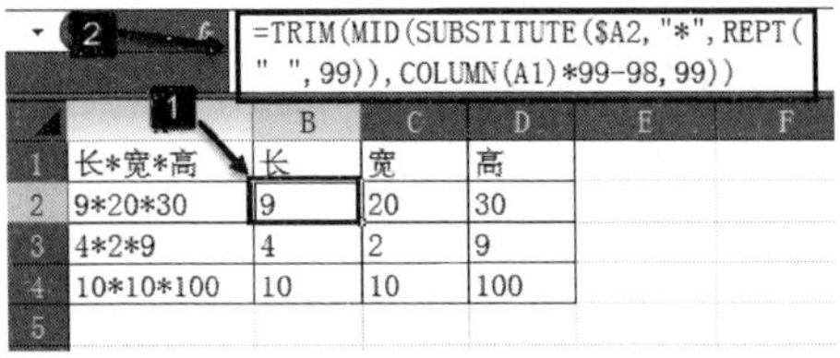

公式

=TRIM(MID(SUBSTITUTE($A2,"*",REPT(" ",99)),COLUMN(A1)*99-98,99))

公式解释

本案例和案例 176 差不多，区别在于 MID 函数的第 2 参数。在 176 案例中用了数组，这里没有。将=COLUMN (A1)*99-98 公式向右填充会产生 1,100,199,…等差数列。

> 本案例视频文件：03/案例 177 把 9*20*30 中的数字分别提取到 3 个单元格中

案例 178　将多列转为一列

案例及公式如下图所示。这里要将单元格区域 A1:D3 中的值转为一列显示。

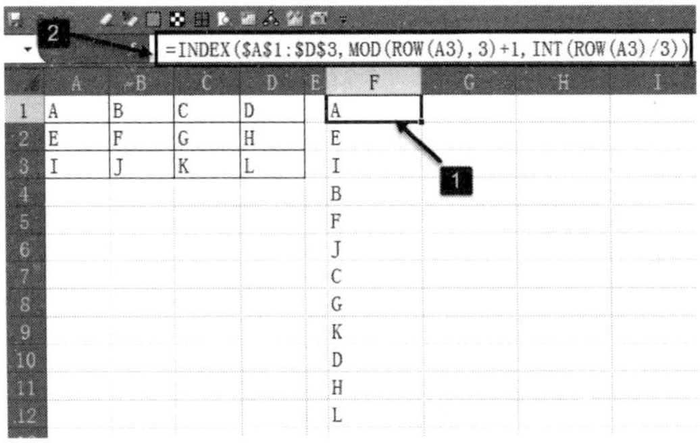

公式

=INDEX($A$1:$D$3,MOD(ROW(A3),3)+1,INT(ROW(A3)/3))

公式解释

此案例不是数组公式，为什么放在这里介绍？这是为了和下面的案例 179 放在一起介绍。

将 MOD(ROW(A3),3)+1 公式向下填充会产生循环的{1;2;3}数组。

将 INT(ROW(A3)/3)公式向下填充会产生循环的{1;1;1;2;2;2;3;3;3}数组。

> 本案例视频文件：03/案例 178 将多列转为一列

案例 179 将一列转为多列

案例及公式如下图所示。这里要将 A 列中的值显示在 C2:F4 单元格区域中。

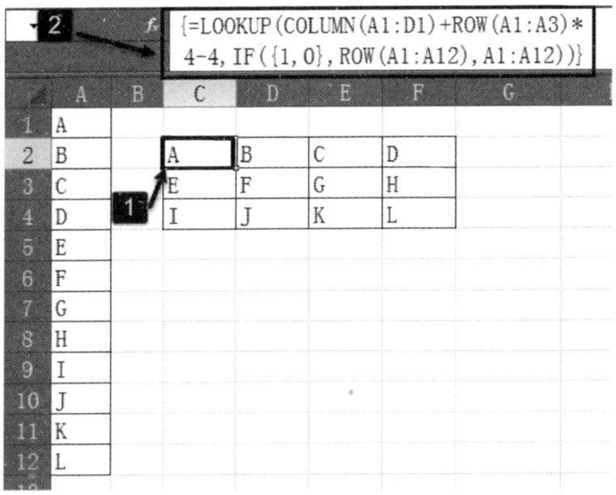

公式

=LOOKUP(COLUMN(A1:D1)+ROW(A1:A3)*4-4,IF({1,0},ROW(A1:A12),A1:A12))

公式解释

此公式是数组公式。

COLUMN(A1:D1)+ROW(A1:A3)*4-4：作为 LOOKUP 函数的第 1 参数，向右填充或者向下填充公式时会产生数组{1,2,3,4;5,6,7,8;9;10;11;12}。

IF({1,0},ROW(A1:A12),A1:A12)：构建了两列多行的数据作为 LOOKUP 函数的第 2 参数。

当然也可以用公式=INDEX($A$1:$A$12,COLUMN(A1)+ROW(A1)*4-4)得到相同的结果，而不使用数组公式。

本案例视频文件：03/案例 179 将一列转为多列

案例 180 用全称匹配简称

案例及公式如下图所示。这里要根据 A 列中的全称，在 F 列中找到对应的简称，并显示在 B 列中。

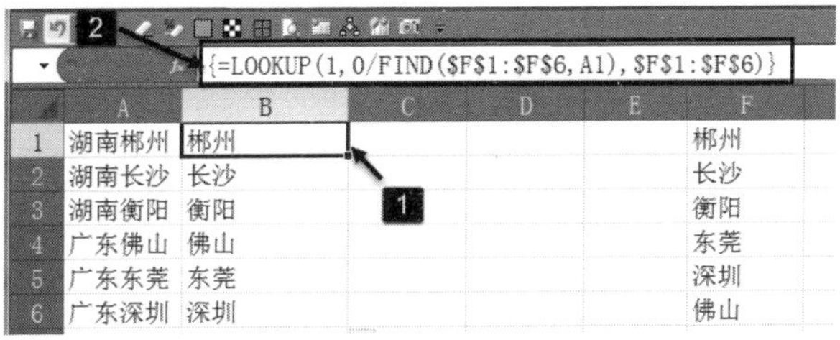

公式

=LOOKUP(1,0/FIND($F$1:$F$6,A1),$F$1:$F$6)

公式解释

0/FIND($F$1:$F$6,A1)：这里的 FIND 函数的第 1 参数为数组，如果在单元格区域 F1:F6 中找到对应的数值就返回一个数值，如果没有找到就会报错（0 除以错误值还是报错，0 除以数值返回 0）。根据 LOOKUP 函数的特点，如果查找值大于第 2 参数的最大值，就定位最后一个数值的位置，返回第 3 参数对应的值。

此公式不按快捷键 Ctrl+Shift+Enter 也有效，这也是 LOOKUP 函数的一个特点。

▶ **本案例视频文件：03/案例 180 用全称匹配简称**

案例 181　用简称匹配全称

案例及公式如下图所示。这里要根据 A 列中的简称，在 E 列中找到对应的全称，并显示在 B 列中。

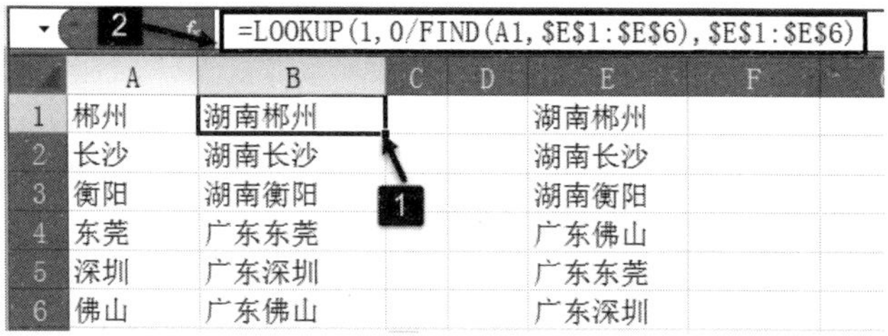

公式

=LOOKUP(1,0/FIND(A1,$E$1:$E$6),$E$1:$E$6)

公式解释

0/FIND(A1,$E$1:$E$6)：FIND 函数的第 2 参数为数组，如果在单元格区域 E1:E6 中找到对应的数值就返回数值，如果没有找到就报错（0 除以错误值还是报错，0 除以数值返回 0）。根据 LOOKUP 函数的特点，如果查找值大于第 2 参数的最大值，就定位最后一个数值的位置，返回第 3 参数对应的值。

此公式不按快捷键 Ctrl+Shift+Enter 也有效。

▶ **本案例视频文件：03/案例 181 用简称匹配全称**

案例 182　使用 LOOKUP 函数实现多条件查找

案例及公式如下图所示。这里要根据产品名称和型号计算对应的数量之和。

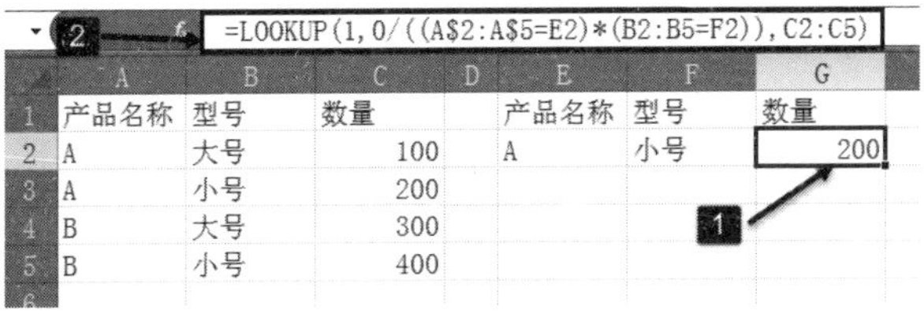

	A	B	C	D	E	F	G
1	产品名称	型号	数量		产品名称	型号	数量
2	A	大号	100		A	小号	200
3	A	小号	200				
4	B	大号	300				
5	B	小号	400				

公式

=LOOKUP(1,0/((A$2:A$5=E2)*(B2:B5=F2)),C2:C5)

公式解释

((A$2:A$5=E2)*(B2:B5=F2))：同时满足这两个条件（A$2:A$5=E2 和 B2:B5=F2）就返回 TRUE，反之则返回 FALSE。然后用 0 除以结果：0 除以 FALSE 会报错，0 除以 TURE 会返回 0。根据 LOOKUP 函数的这个特点，如果查找值大于第 2 参数的最大值，就定位最后一个数值的位置，返回第 3 参数对应的值。

本案例视频文件：03/案例 182 使用 LOOKUP 函数实现多条件查找

案例 183　对合并单元格按条件求和

案例及公式如下图所示。这里要对每个人的数量进行求和，并放在一个单元格中。

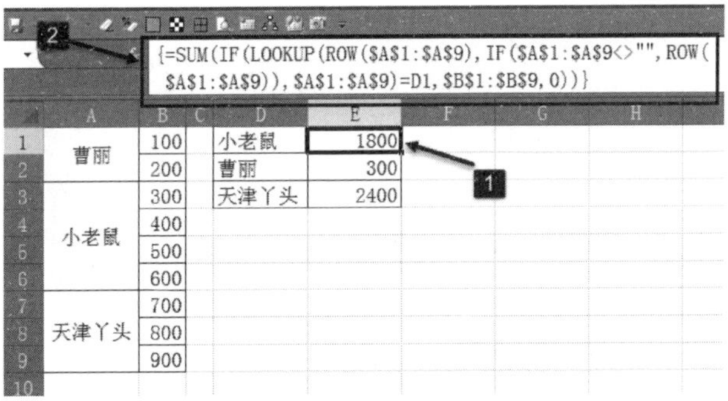

	A	B	C	D	E
1	曹丽	100		小老鼠	1800
2		200		曹丽	300
3	小老鼠	300		天津丫头	2400
4		400			
5		500			
6		600			
7	天津丫头	700			
8		800			
9		900			

公式

=SUM(IF(LOOKUP(ROW($A$1:$A$9),IF($A$1:$A$9<>"",ROW($A$1:$A$9)),$A$1:$A$9)=D1,$B$1:$B$9,0))

公式解释

此公式的 LOOKUP 函数的第 1 参数用得巧妙，如果单元格区域 A1:A9 不等于空，就显示它们的行号，否则就显示 FALSE。由于 FALSE 在 LOOKUP 函数中不参加计算，且第 2 参数是升序排序，查找值 1 和查找值 2 全部定位到行号 1 的位置，查找值 3 至查找值 6 全都定位到行号 3 的位置，查找值 7 至查找值 9 全部定位到行号 7 的位置，最后相当于在 A 列中把合并单元格填充了，也就是构建了没有合并单元格的效果。

LOOKUP(ROW($A$1:$A$9),IF($A$1:$A$9<>"",ROW($A$1:$A$9)),$A$1:$A$9)=D1：如果等于"小老鼠"就显示 B 列的数据，否则就返回 0，最后用 SUM 函数求和。

▶ **本案例视频文件**：03/案例 183 对合并单元格按条件求和

案例 184　查找姓名最后一次出现的位置对应的数量

案例及公式如下图所示。这里要根据姓名，查找其最后一次出现的位置对应的数量。

	A	B	C	D	E
1	姓名	数量		姓名	数量
2	曹丽	100		曹丽	500
3	小老鼠	200			
4	天津丫头	300			
5	曹丽	400			
6	曹丽	500			
7	小老鼠	600			
8	天津丫头	700			

E2: =LOOKUP(1,0/(A2:A8=D2),B2:B8)

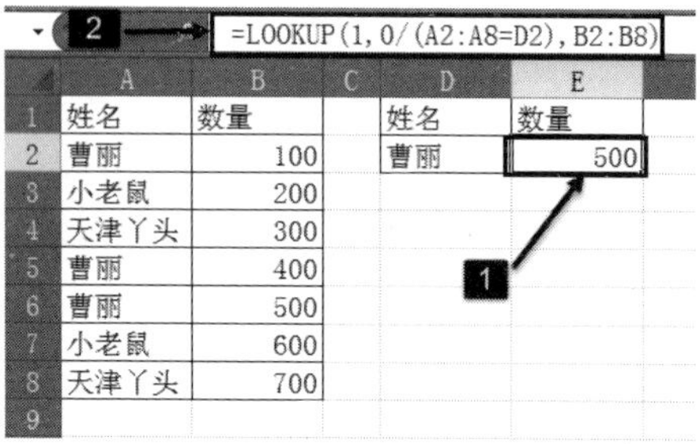

公式

=LOOKUP(1,0/(A2:A8=D2),B2:B8)

公式解释

0/(A2:A8=D2)：如果单元格区域 A2:A8 中有等于"曹丽"的值，就返回 TRUE。0 除以 TRUE 等于 0，0 除以 FALSE 会报错，这样就构建一个由错误值和 0 组成的一维数组。根据 LOOKUP 函数的特点，如果查找值大于第 2 参数的最大值，就定位最后一个数字的位置，然后返回第 3 参数对应的值。

▶ **本案例视频文件**：03/案例 184 查找姓名最后一次出现的位置对应的数量

案例 185　双条件计数

案例及公式如下图所示。这里要查找大号的产品 A 共有几条记录。

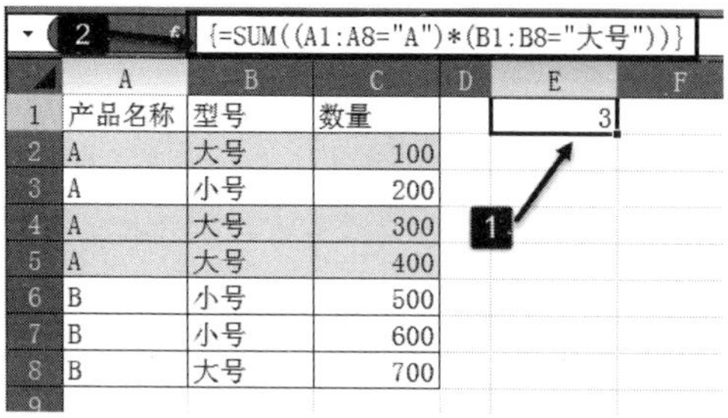

	A	B	C	D	E	F
1	产品名称	型号	数量		3	
2	A	大号	100			
3	A	小号	200			
4	A	大号	300			
5	A	大号	400			
6	B	小号	500			
7	B	小号	600			
8	B	大号	700			

E1: {=SUM((A1:A8="A")*(B1:B8="大号"))}

公式

=SUM((A1:A8="A")*(B1:B8="大号"))

公式解释

在此公式中,如果公式中的两个条件都满足就返回 1,否则就返回 0,最后用 SUM 函数求和。

当然,如果你的 Excel 版本是 2007 版以上,那么也可以用 COUNTIF 函数实现:=COUNTIFS (A:A,"A",B:B,"大号")。

▶ 本案例视频文件:03/案例 185 双条件计数

案例 186 如何生成序列

案例及公式如下图所示。这里要生成 1~9 的数列,并放在 A1:C3 单元格区域中。

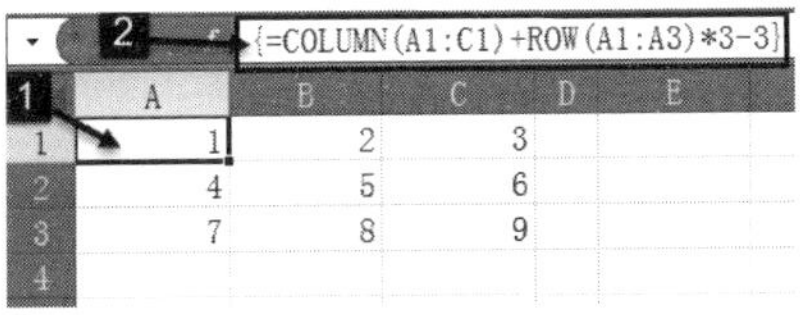

公式

=COLUMN(A1:C1)+ROW(A1:A3)*3-3

公式解释

COLUMN(A1:C1):横向产生一维数组{1,2,3},然后加上 ROW(A1:A3)*3-3。

ROW(A1:A3)*3-3:返回{0;3;6}。

当然,此效果也可以用普通公式=COLUMN(A1)+ROW(A1)*3-3 实现。

▶ 本案例视频文件:03/案例 186 如何生成序列

案例 187 引用合并单元格中的值

案例及公式如下图所示。这里要引用 A 列单元格中的值,并将值放在单独的单元格中。

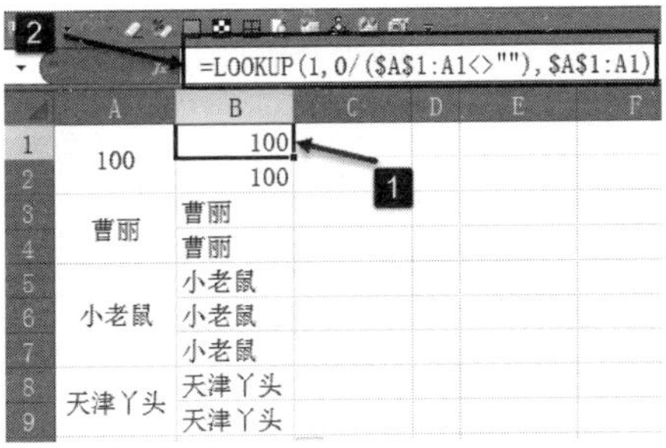

公式

=LOOKUP(1,0/($A$1:A1<>""),$A$1:A1)

公式解释

这个公式的巧妙之处在于$A$1:A1，即锁住单元格区域的起始部分，这样单元格区域变为动态的，可以不断扩展。

0/($A$1:A1<>"")：如果单元格区域 A1:A1 中的值不等于空就返回 TRUE。0 除以 TRUE 返回 0，0 除以 FALSE 会报错。根据 LOOKUP 函数的这个特点，如果查找值大于第 2 参数的最大值，就定位最后这个值的位置，返回第 3 参数对应的值。

本案例视频文件：03/案例 187 引用合并单元格中的值

案例 188　从汉字中提取数字

案例及公式如下图所示。这里要从 A 列中提取数字。

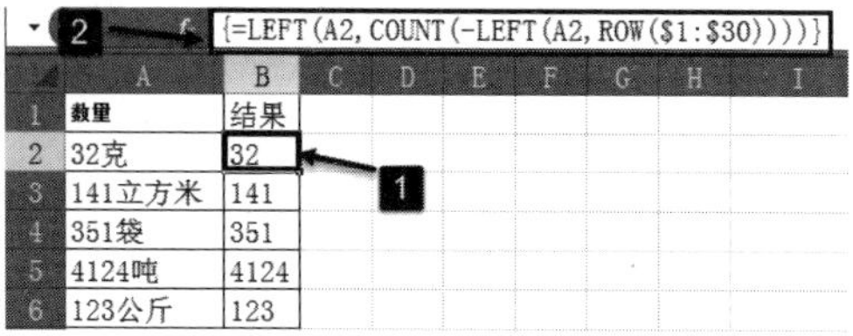

	A	B
1	数量	结果
2	32克	32
3	141立方米	141
4	351袋	351
5	4124吨	4124
6	123公斤	123

公式

=LEFT(A2,COUNT(-LEFT(A2,ROW($1:$30))))

公式解释

-LEFT(A2,ROW($1:$30))：从 A2 单元格左边提取数字。LEFT 函数的第 2 参数为数组，从左边提取 1 个数字是"3"，提取 2 个数字是"32"，提取 3 个数字是"32 克"，这里包含"克"了，前面的"32"是文本型数字，加一个负号，就把文本型数字转为数值型数字。然后用 COUNT 函数统计数值型数字的个数，将 2 作为 LEFT 函数的第 2 参数。

本案例视频文件：03/案例 188 从汉字中提取数字

案例 189　将通话记录里的分和秒相加

案例及公式如下图所示。这里要将 C 列中的值相加，并显示为 h:m:s 格式。

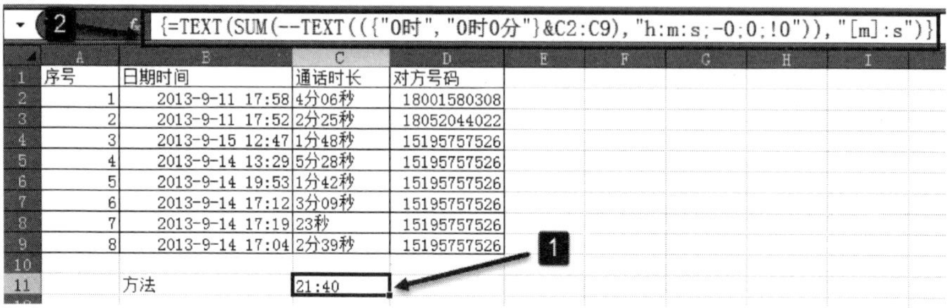

	A	B	C	D
1	序号	日期时间	通话时长	对方号码
2	1	2013-9-11 17:58	4分06秒	18001580308
3	2	2013-9-11 17:52	2分25秒	18052044022
4	3	2013-9-15 12:47	1分48秒	15195757526
5	4	2013-9-14 13:29	5分28秒	15195757526
6	5	2013-9-14 19:53	1分42秒	15195757526
7	6	2013-9-14 17:12	3分09秒	15195757526
8	7	2013-9-14 17:19	23秒	15195757526
9	8	2013-9-14 17:04	2分39秒	15195757526
10				
11		方法	21:40	

公式

=TEXT(SUM(--TEXT(({"0 时","0 时 0 分"}&C2:C9),"h:m:s;-0;0;!0")),"[m]:s")

公式解释

这里的 TEXT 函数的第 1 参数为数组。

由于在 C 列的通话时长数据中有的有分和秒数据，有的只有秒数据，所以，这里统一在前面加上{"0 时","0 时 0 分"}。这样就得到我们需要的格式：显示时、分、秒，而不是文本格式。TEXT 函数的第 2 参数"h:m:s;-0;0;!0"的第 4 节就是用 "!" 强制将文本显示为 0，再用 SUM 函数求和。

（提示：TEXT 函数的第 2 参数的自定义单元格格式分为 4 节，第 1 节为正数；第 2 节为负数；第 3 节为零；第 4 节为真正的文本，中间用分号分隔。）

另外，"[m]:s"用于把小时格式强制显示为分和秒格式。

▶ **本案例视频文件**：03/案例 189 将通话记录里的分和秒相加

案例 190　使用 COUNTIF 函数统计不连续列中的字符个数

案例及公式如下图所示。这里要统计 A、C、E 列中 "小老鼠" 的个数。

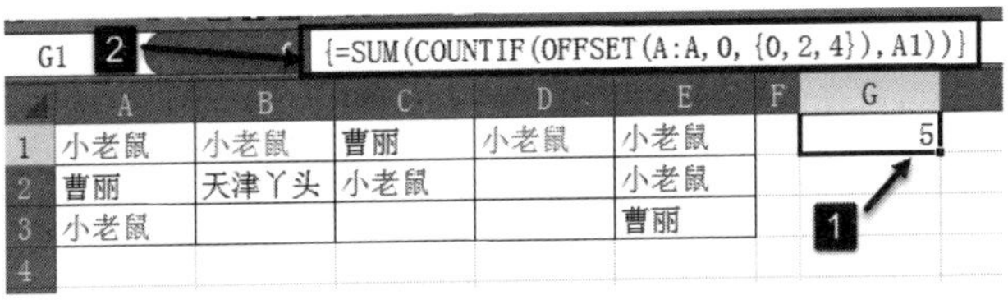

公式

=SUM(COUNTIF(OFFSET(A:A,0,{0,2,4}),A1))

公式解释

COUNTIF 函数的第 1 参数不支持多区域联合，也不支持常量数组，所以，这里通过 OFFSET 函数的第 1 参数实现了支持多区域联合和常量数组效果。

OFFSET 函数的第 1 参数为整个 A 列，第 2 参数为偏移行数（不偏移），第 3 参数为偏移列数（用了数组）。由于第 3 参数偏移了 3 列，所以返回 3 个结果，最后用 SUM 函数求和。

▶ **本案例视频文件**：03/案例 190 使用 COUNTIF 函数统计不连续列中的字符个数

案例 191　使用 COUNTIF 函数统计不重复值的个数

案例及公式如下图所示。这里要统计 A 列中不重复值的个数。

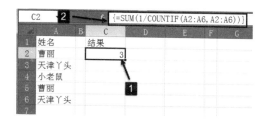

公式

=SUM(1/COUNTIF(A2:A6,A2:A6))

公式解释

COUNTIF 函数的第 2 参数为区域数组，COUNTIF(A2:A6,A2:A6)返回 5 个结果：{2;2;1;2;2}，然后用 1 除以它们。例如，假如有两个"曹丽"就返回两个 2，用 1 除以两个 2，得到两个 1/2；假如有 30 个"曹丽"，就返回 30 个 1/30，30 个 1/30 相加还是 1。

▶ **本案例视频文件**：03/案例 191 使用 COUNTIF 函数统计不重复值的个数

案例 192　使用 COUNT 函数统计不重复值的个数且排除空单元格

案例及公式如下图所示。这里要统计 A 列中不重复值个数且排除空单元格。

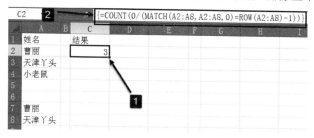

公式

=COUNT(0/(MATCH(A2:A8,A2:A8,0)=ROW(A2:A8)-1))

公式解释

MATCH(A2:A8,A2:A8,0)=ROW(A2:A8)-1：在使用 MATCH 函数查找值时，如果查找值第 1 次出现，则显示其本身的位置，如果重复出现，则只显示第 1 次出现的位置，不会显示其本身的位置。然后与 ROW(A2:A8)-1 对比，由于 ROW(A2:A8) 返回 {2;3;4;5;6;7;8}，而 MATCH 函数查找的位置是从 1 开始的，所以要减 1。MATCH 函数在查找值时，遇到空单元格会报错，不影响 COUNT 函数统计数值型数字。

之后用 0 除以结果，0/TRUE 返回 TRUE，0/FALSE 报错，0/错误值还是返回错误值。

▶ **本案例视频文件**：03/案例 192 使用 COUNT 函数统计不重复值的个数且排除空单元格

3.3 中级函数综合案例

案例 193　根据身份证号提取户籍所在地

案例及公式如下图所示。这里要根据 A 列中的身份证号提取户籍所在地。

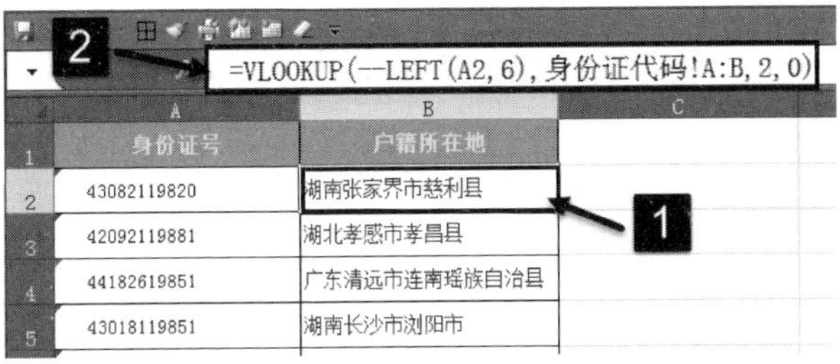

公式

=VLOOKUP(--LEFT(A2,6),身份证代码!A:B,2,0)

公式解释

此公式从 A2 单元格左边提取 6 位数字。这 6 位数字表示省市代码,并作为 VLOOKUP 函数的第 1 参数,然后在数据源中查找。由于数据源中的第 1 列是数值型数字,所以要在 LEFT 函数前加--,返回文本型数值。

本案例视频文件：03/案例 193　根据身份证号提取户籍所在地

案例 194　根据身份证号提取出生日期

案例及公式如下图所示。这里要根据 A 列中的身份证号提取出生日期。

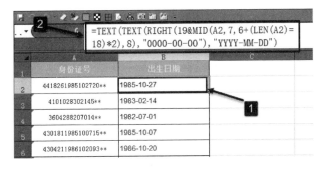

公式

=TEXT(TEXT(RIGHT(19&MID(A2,7,6+(LEN(A2)=18)*2),8),"0000-00-00"),"YYYY-MM-DD")

公式解释

早期的身份证号有 15 位，此公式是为了兼顾 15 位的身份证号：如果身份证号是 18 位就提取 8 位数字，如果是 15 位就提取 6 位数字，再在前面补上"19"，然后从单元格右边提取 8 位数字。

为什么还要用 TEXT 函数转换一下？因为第一个 TEXT 函数得到的是文本，不是日期型数据，在其外面再嵌套一个 TEXT 函数才会得到真正的日期型数据。

▶ **本案例视频文件**：03/案例 194 根据身份证号提取出生日期

案例 195　根据身份证号提取性别

案例及公式如下图所示。这里要根据 A 列中的身份证号提取性别。

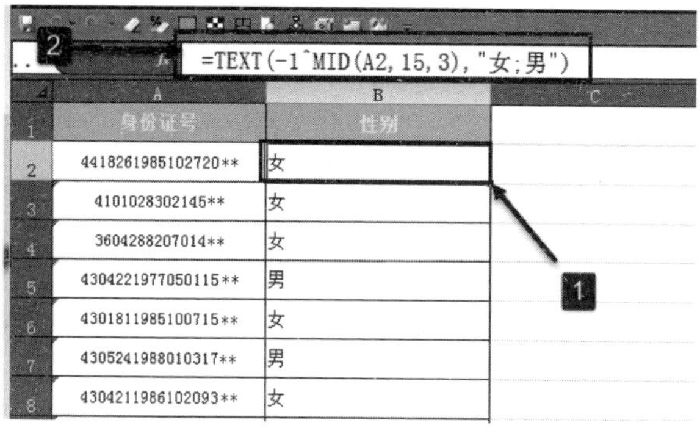

	A	B	C
1	身份证号	性别	
2	4418261985102720**	女	
3	4101028302145**	女	
4	3604288207014**	女	
5	4304221977050115**	男	
6	4301811985100715**	女	
7	4305241988010317**	男	
8	4304211986102093**	女	

公式

=TEXT(-1^MID(A2,15,3),"女;男")

公式解释

在 15 位的身份证号码中，第 15 位数字表示性别，如果是偶数就是女性，如果是奇数就是男性。在 18 位的身份证号码中，第 17 位数字表示性别，如果是偶数就是女性，如果是奇数就是男性。另外，-1 的偶次方是 1，-1 的奇次方是-1。而 TEXT 函数的第 2 参数的自定义格式分 4 节：第 1 节为正数；第 2 节为负数；第 3 节为 0；第 4 节为文本。这里只用了第 4 参数的前两节：正数和负数，中间要用分号分开。

▶ **本案例视频文件**：03/案例 195 根据身份证号提取性别

案例 196　根据身份证号计算年龄

案例及公式如下图所示。这里要根据 A 列中的身份证号计算年龄。

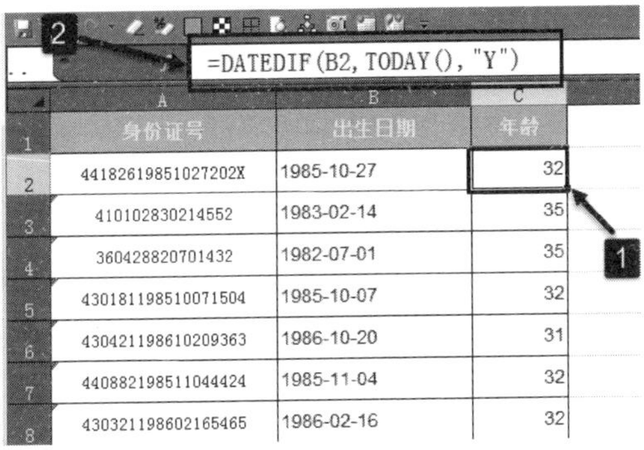

第3章 中级函数：实现批量数据处理

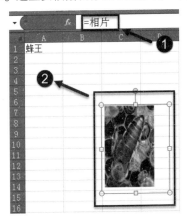

公式

=DATEDIF(B2,TODAY(),"Y")

公式解释

DATEDIF 函数中有 3 个参数：第 1 参数为起始日期；第 2 参数为结束日期；第 3 参数为计算方式，即计算两日期相差的年数。

▶ 本案例视频文件：03/案例 196 根据身份证号计算年龄

案例 197　根据名称显示照片

案例及公式如下图所示。这里要根据名称显示工作表 2 中的照片。

公式

=INDEX(照片!$B:$B,MATCH(Sheet2!$A$1,照片!$A:$A,0))

公式解释

按快捷键 Ctrl+F3，打开"编辑名称"对话框。

复制公式=INDEX(照片!$B:$B,MATCH(Sheet2!$A$1,照片!$A:$A,0))，粘贴到"引用位置"文本框中，在"名称"文本框中输入"相片"。

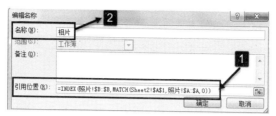

复制第 2 张工作表里的任意一张图片并粘贴到第 1 张工作表里。

将鼠标光标定位到编辑栏里，输入“=相片”，再按 Enter 键。

然后修改第 1 张工作表中 A1 单元格的姓名。

本案例视频文件：03/案例 197 根据名称显示照片

案例 198　使用 VLOOKUP 函数制作工资条

案例及公式如下图所示。这里根据编号，在引用数据源表中找到对应的值。

编号	员工编号	姓名	部门	入职日期	职位	基本工资	奖金	工龄（年）	工龄工资	住宿费	水电费	应发合计	个人所得税	社保	合计实发
1	0919599	张嘉倪	招生部	38294	部长	4500	323	7.9	350	243	90.96	4839.04	277.246	157.4	4404.394
编号	员工编号	姓名	部门	入职日期	职位	基本工资	奖金	工龄（年）	工龄工资	住宿费	水电费	应发合计	个人所得税	社保	合计实发
2	0919298	张靓颖	财务部	38560	部长	4000	478	7.2	350	206	119.52	4502.48	226.762	157.4	4118.318
编号	员工编号	姓名	部门	入职日期	职位	基本工资	奖金	工龄（年）	工龄工资	住宿费	水电费	应发合计	个人所得税	社保	合计实发
3	0918975	何洁	教务部	37800	员工	3500	249	9.3	450	164	112.08	3922.92	151.552	157.4	3613.968
编号	员工编号	姓名	部门	入职日期	职位	基本工资	奖金	工龄（年）	工龄工资	住宿费	水电费	应发合计	个人所得税	社保	合计实发
4	0917620	李宇春	人事部	37483	员工	2500	308	10.1	500	253	79.86	2975.14	56.774	157.4	2760.966
编号	员工编号	姓名	部门	入职日期	职位	基本工资	奖金	工龄（年）	工龄工资	住宿费	水电费	应发合计	个人所得税	社保	合计实发
5	0917288	陈好	招生部	38544	员工	2100	149	7.3	350	141	140.31	2317.69	8.0145	157.4	2152.2755

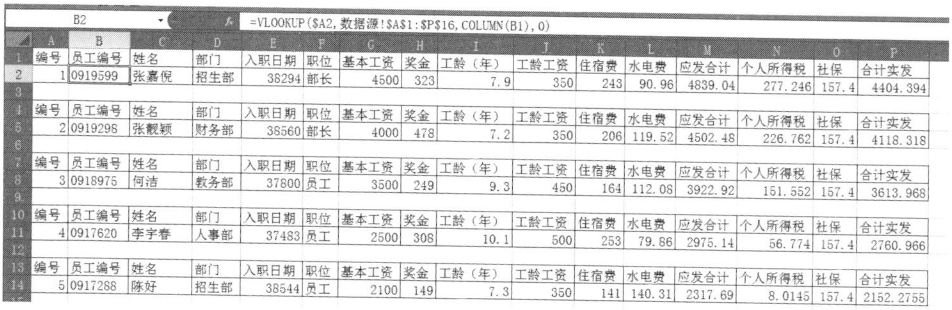

公式

=VLOOKUP($A2,数据源!$A$1:$P$16,COLUMN(B1),0)

公式解释

在 B2 单元格中输入公式。接着把公式向右填充到 P2 单元格中，然后选中单元格区域 A1:P3，将公式向下填充到第 45 行，中间不能停顿。

本案例视频文件：03/案例 198 使用 VLOOKUP 函数制作工资条

案例 199　将周末高亮显示

案例及公式如下图所示。这里要将日期为周六和周日的单元格高亮显示。

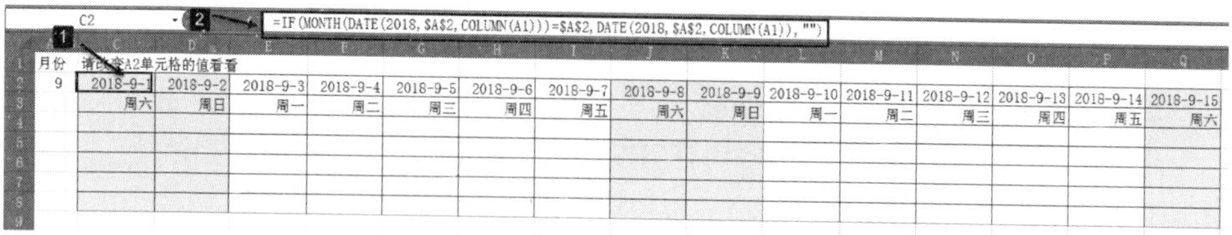

公式

=IF(MONTH(DATE(2018,$A$2,COLUMN(A1)))=$A$2,DATE(2018,$A$2,COLUMN(A1)),"")

=WEEKDAY(C$2,2)>5

公式解释

在 C2 单元格中输入第 1 个公式并向右填充产生日期，这个公式的巧妙之处在于使用了 IF 判断函数，如果根据日期提取出来的月份还是等于 A2 单元格中的月份，就显示公式 DATE(2018,$A$2, COLUMN(A2))，否则显示空。

在 C3 单元格中输入第 2 个公式=WEEKDAY(C$2,2)>5，WEEKDAY 函数用于返回一个日期是一周的第几天，如果第 2 参数为 2，那么星期一就是一周的第 1 天，星期天就是一周的第 7 天。然后将公式向右填充。

另外，选择"开始"→"条件格式"→"新建规则"命令，在弹出的对话框中选择"使用公式确定要设置格式的单元格"，在下面的文本框中输入公式=WEEKDAY(C$2,2)>5，单击"格式"按钮，如下图所示。

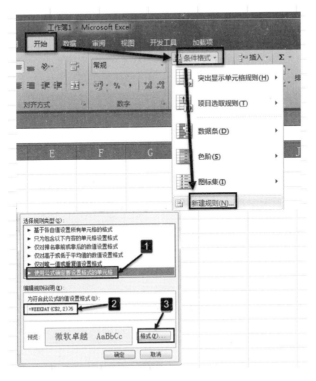

弹出"设置单元格格式"对话框，设置相应格式，如下图所示。

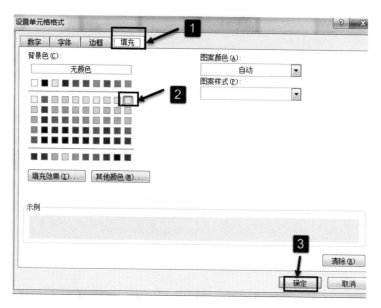

本案例视频文件：03/案例 199 将周末高亮显示

案例 200　使用定义名称功能+INDIRECT 函数实现二级下拉菜单

案例及公式如下图所示。这里要为 B7 单元格设置数据有效性，并设置二级下拉菜单。

	A	B	C
1	生产部	技术部	人事部
2	张三	钱六	曹丽
3	李四	赵七	天津丫头
4	王五	孙八	小老鼠
5			
6	部门	人员	
7	人事部	小老鼠	
8		曹丽	
9		天津丫头 小老鼠	

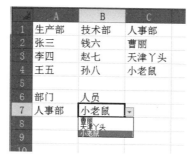

公式

=INDIRECT($A$7)

公式解释

选中要设置数据有效性的单元格区域，在 Excel 功能区中选择“数据”选项卡中的“数据有效性”命令，在弹出的对话框中可以设置数据有效性。选择“设置”选项卡，在“允许”列表框中选择“序列”选项，在“来源”列表框中输入公式“=INDIRECT($A$7)”，如下图所示。另外，在 A7 单元格中一定要先输入数据，否则系统会报错。

如果数据来源是多个单元格，则要用相对引用。

第 3 章 中级函数：实现批量数据处理

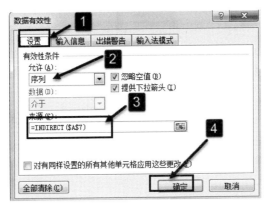

📹 本案例视频文件：03/案例 200 使用定义名称功能+INDIRECT 函数实现二级下拉菜单

案例 201　使用数组公式实现二级下拉菜单

案例及公式如下图所示。这里要根据 A2:B6 单元格区域中的值，为 G1:G6 单元格区域设置二级下拉菜单。

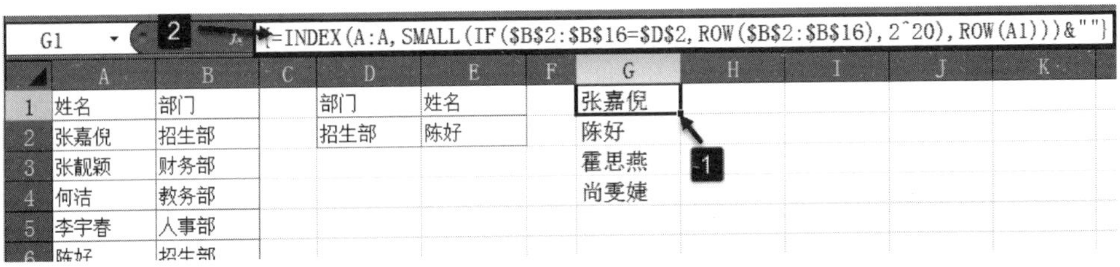

公式

=INDEX(A:A,SMALL(IF($B$2:$B$16=$D$2,ROW($B$2:$B$16),2^20),ROW(A1)))&""

公式解释

D2 单元格需要设置数据有效性：选择单元格 D2，然后选择"数据"选项卡中的"数据工具"选项，在打开的下拉列表中选择"数据验证"命令。在打开的对话框中选择"设置"选项卡，在"允许"列表框中选择"序列"，在"来源"文本框中选择单元格区域 B2:B5。E2 单元格也需要设置数据有效性，在"来源"文本框中选择单元格区域 G1:G6。

G 列中的公式其实就是 1 对多查询公式。

📹 本案例视频文件：03/案例 201 使用数组公式实现二级下拉菜单

案例 202　将 TEXT 函数当 IF 函数用

案例及公式如下图所示。

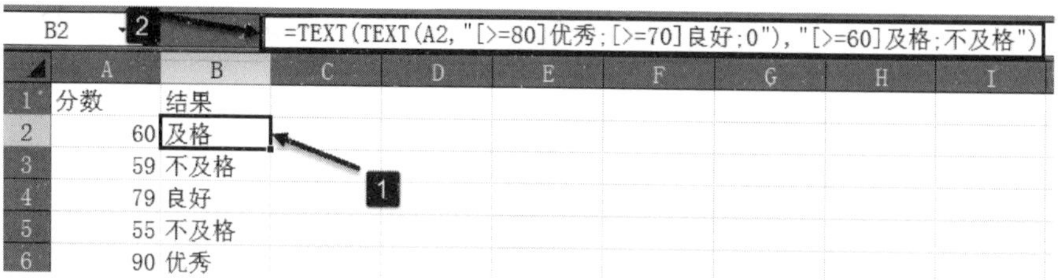

跟着视频学 Excel 数据处理：函数篇

	A	B	C	D	E	F	G	H	I
1	分数	结果							
2	60	及格							
3	59	不及格							
4	79	良好							
5	55	不及格							
6	90	优秀							

B2 =TEXT(TEXT(A2,"[>=80]优秀;[>=70]良好;0"),"[>=60]及格;不及格")

公式

=TEXT(TEXT(A2,"[>=80]优秀;[>=70]良好;0"),"[>=60]及格;不及格")

公式解释

首先要理解 Excel 里的自定义单元格格式分为 4 节，第 1 节为正数；第 2 节为负数；第 3 节为零；第 4 节为文本，记得中间是用分号分开。

另外，如果出现 3 节，前两节有条件，则把不符合前两节条件的全部放在第 3 节上。如果出现两节，第 1 节有条件，把不符合第 1 节条件的全部放在第 2 节上。

这里用了两个 TEXT 函数嵌套实现 IF 判断的作用，里层的 TEXT 函数有两个条件，将大于或等于 80 和大于或等于 70 的都过滤了，剩下小于 70 的都放在第 3 节上，交给外层的 TEXT 函数处理。

▶ **本案例视频文件**：03/案例 202 将 TEXT 函数当 IF 函数用

案例 203　为银行卡号每隔 4 位加空格

案例及公式如下图所示。这里要将 A 列中的银行卡号每隔 4 位加空格。

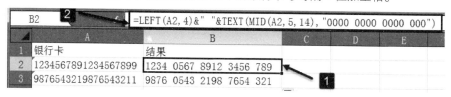

公式

=LEFT(A2,4)&" "&TEXT(MID(A2,5,14),"0000 0000 0000 000")

公式解释

当数字超过 15 位时，函数无法实现此功能，只能把 19 位的银行卡号拆分成 4 位和 15 位进行处理。

▶ **本案例视频文件**：03/案例 203 为银行卡号每隔 4 位加空格

案例 204　动态求每周的销量

案例及公式如下图所示。这里要根据 A 列中的日期动态求销量。

156

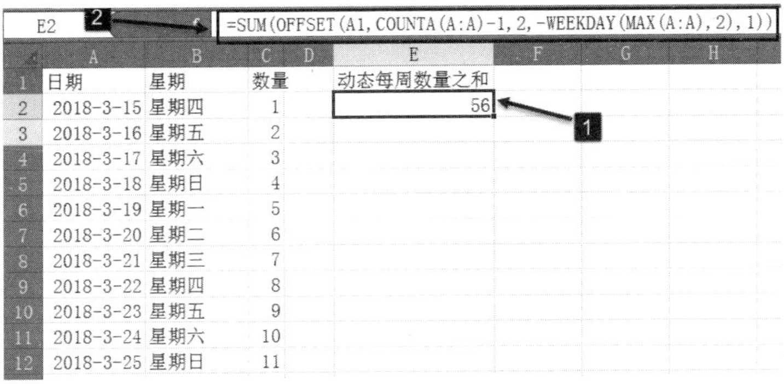

E2 　=SUM(OFFSET(A1,COUNTA(A:A)-1,2,-WEEKDAY(MAX(A:A),2),1))

	A	B	C	D	E
1	日期	星期	数量		动态每周数量之和
2	2018-3-15	星期四	1		56
3	2018-3-16	星期五	2		
4	2018-3-17	星期六	3		
5	2018-3-18	星期日	4		
6	2018-3-19	星期一	5		
7	2018-3-20	星期二	6		
8	2018-3-21	星期三	7		
9	2018-3-22	星期四	8		
10	2018-3-23	星期五	9		
11	2018-3-24	星期六	10		
12	2018-3-25	星期日	11		

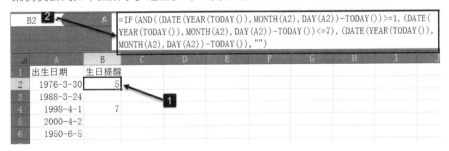

公式

=SUM(OFFSET(A1,COUNTA(A:A)-1,2,-WEEKDAY(MAX(A:A),2),1))

公式解释

WEEKDAY 函数用于返回一个日期是一周的第几天。如果它的第 2 参数为 2，则规定了星期一是一周的第 1 天，星期天是一周的第 7 天。由于 A 列中的日期是按升序排序的，所以其最后一天的日期也是最大值。

为什么要在 WEEKDAY 函数前面加一个负号？因为 OFFSET 函数是先找到最后这个单元格，然后向上扩展行数的。

COUNTA(A:A)-1：得到的结果为 OFFSET 函数的第 2 参数，即向下偏移的行数，最后用 SUM 函数求和。

本案例视频文件：03/案例 204 动态求每周的销量

案例 205　设置 7 天内生日提醒

案例及公式如下图所示。这里要对 A 列中的日期设置 7 天内生日提醒。

B2 　=IF(AND((DATE(YEAR(TODAY()),MONTH(A2),DAY(A2))-TODAY())>=1,(DATE(YEAR(TODAY()),MONTH(A2),DAY(A2))-TODAY())<=7),(DATE(YEAR(TODAY()),MONTH(A2),DAY(A2))-TODAY()),"")

	A	B
1	出生日期	生日提醒
2	1976-3-30	5
3	1988-3-24	
4	1998-4-1	7
5	2000-4-2	
6	1950-6-5	

公式

=IF(AND((DATE(YEAR(TODAY()),MONTH(A2),DAY(A2))-TODAY())>=1,(DATE(YEAR (TODAY ()),MONTH(A2),DAY(A2))-TODAY())<=7),(DATE(YEAR(TODAY()),MONTH(A2),DAY(A2))-TODAY()),"")

公式解释

(DATE(YEAR(TODAY()),MONTH(A2),DAY(A2))-TODAY())：从出生日期中提取年、月和日，这里用 TODAY 函数提取年。要提取 7 天内过生日的，这里要满足两个条件：结果大于或等于 1 且小于或等于 7 就显示结果，否则就显示空。

本案例视频文件：03/案例 205 设置 7 天内生日提醒

案例 206 使序号随着筛选而自动编号

案例及公式如下图所示。这里要对工作表中的数据随着筛选而自动编号。

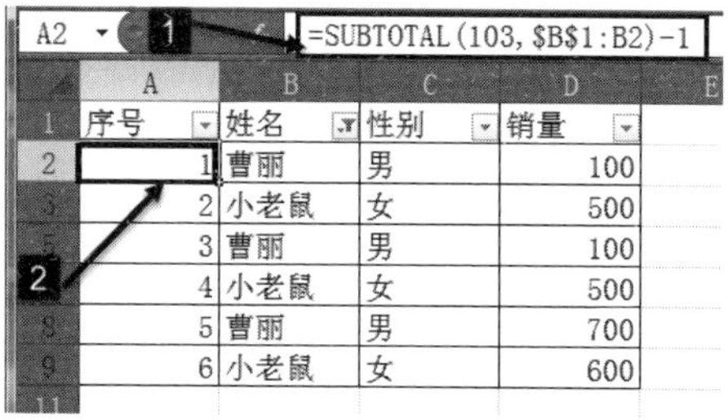

A2 =SUBTOTAL(103,$B$1:B2)-1

序号	姓名	性别	销量
1	曹丽	男	100
2	小老鼠	女	500
3	曹丽	男	100
4	小老鼠	女	500
5	曹丽	男	700
6	小老鼠	女	600

公式

=SUBTOTAL(103,$B$1:B2)-1

公式解释

SUBTOTAL 函数有两个参数：第 1 参数为计算方式，例如用 103 表示统计非空单元格的个数，但是不包括隐藏的行。为什么第 2 参数不为$B$1:B1，而为$B$1:B2？因为 SUBTOTAL 函数会把最后一行当作汇总行。

本案例视频文件：03/案例 206 使序号随着筛选而自动编号

案例 207 给合并单元格编号

案例及公式如下图所示。这里要实现将合并单元格编号。

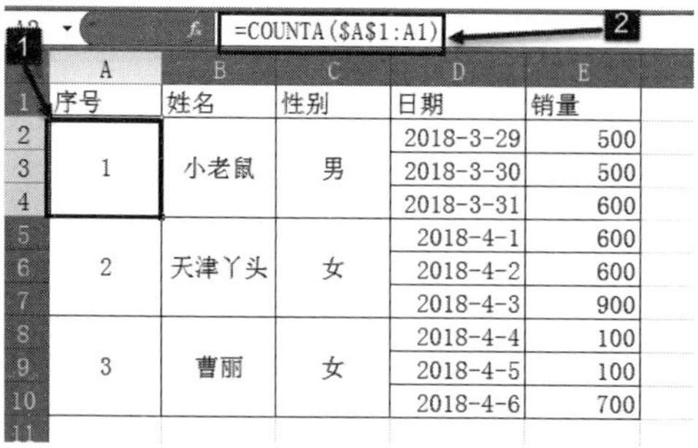

=COUNTA($A$1:A1)

序号	姓名	性别	日期	销量
1	小老鼠	男	2018-3-29	500
			2018-3-30	500
			2018-3-31	600
2	天津丫头	女	2018-4-1	600
			2018-4-2	600
			2018-4-3	900
3	曹丽	女	2018-4-4	100
			2018-4-5	100
			2018-4-6	700

公式

=COUNTA($A$1:A1)

公式解释

对于这个公式要注意两点。

第 1 点：单元格区域$A$1:A1"锁住头不锁住尾"，也就是冒号前面的 A1 为绝对引用，冒号后面的 A1 为相对引用。

第 2 点：在 A2 单元格中输入公式之后，选中单元格区域 A2:A10，再按快捷键 Ctrl+Enter。

本案例视频文件：03/案例 207 给合并单元格编号

案例 208　不显示错误值的 3 种方法

案例及公式如下图所示。这里要根据金额和数量求单价，且不显示错误值。

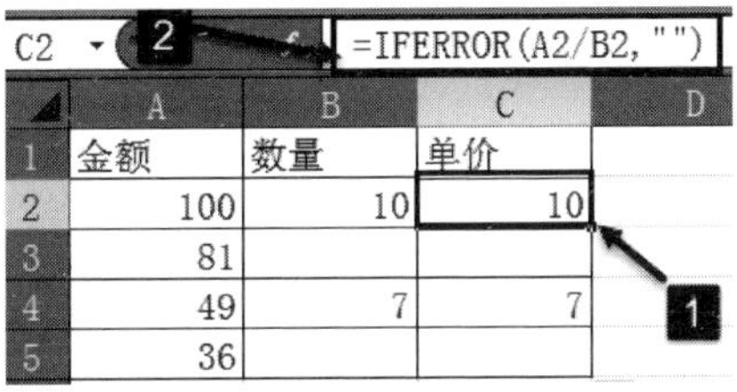

公式

=IFERROR(A2/B2,"")

公式解释

由于数量的值有时是空的，也就是当 0 作为除数时会产生错误值，这里使用 IFERROR 函数来处理：如果公式有错误值就显示空，没有错误值就显示原公式的结果。

如果你的 Excel 版本是 2003 版本，就要用这个公式：=IF(ISERROR(A2/B2),"",A2/B2)。

就此案例来说，还可以用公式=IF(B2,A2/B2,"")得到相同的结果。

本案例视频文件：03/案例 208 不显示错误值的 3 种方法

案例 209　TEXT 函数+!的用法

案例及公式如下图所示。这里要对 A 列中每个单元格中的数字求和。

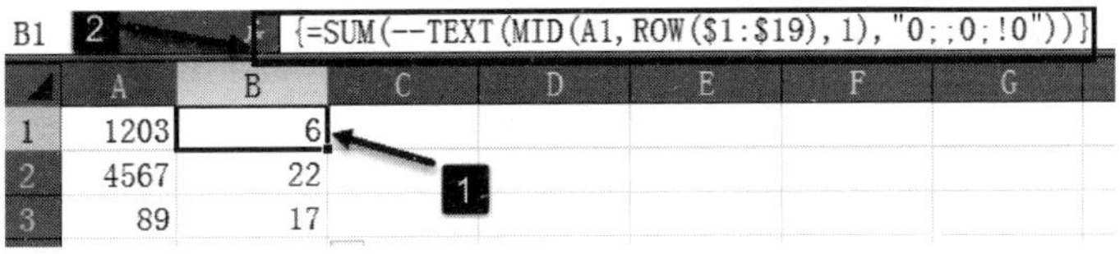

159

公式

=SUM(--TEXT(MID(A1,ROW($1:$19),1),"0;;0;!0"))

公式解释

此公式就是把 A 列单元格中的每一个数字相加。当然这个公式在实际工作中用不到，但是我们要学会 TEXT 函数的第 2 参数的用法。由于在用 MID 函数分隔每一个数字时会产生一些空文本""，如果直接在其前面加 "--" 符号会报错，所以要用 TEXT 函数处理一下。TEXT 函数的第 2 参数"0;;;!0" 共有 4 节，第 1 节为正数，显示 0；第 2 节为负数，显示空；第 3 节为零，显示 0；第 4 节为文本，用!0 强制显示 0。

▶ **本案例视频文件**：03/案例 209 TEXT 函数+!的用法

案例 210　计算经过多少个工作日完成任务

案例及公式如下图所示。这里要计算经过多少个工作日完成任务。

开始日期	工作天数	完成日期
2018-3-29	6	2018-4-4
2018-3-29	18	2018-4-18
2018-3-29	19	2018-4-19
2018-3-29	49	2018-5-24

C2 =WORKDAY.INTL(A2-1, B2, 11)

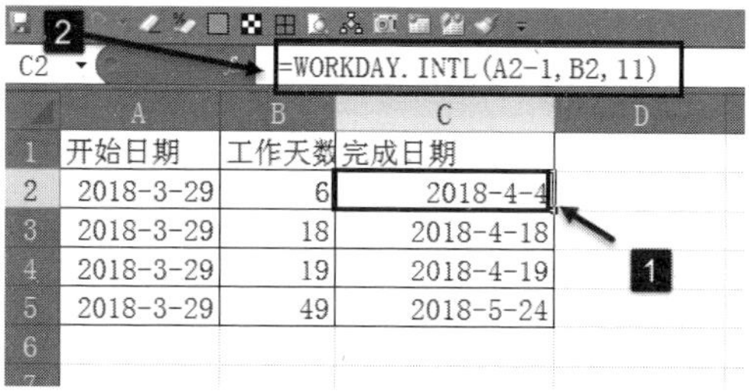

公式

=WORKDAY.INTL(A2-1,B2,11)

公式解释

WORKDAY.INTL 这个函数只有在 Excel 2010 及以上的版本中才有，其有 4 个参数。第 1 参数：开始日期；第 2 参数：经过多少天；第 3 参数：指定哪个日期为非工作日期；第 4 参数：特殊的节假日，这里省略了第 4 参数。

为什么将 A2 单元格中的值减 1？因为这里的日期计算包括开始日期这一天，多算了一天。

如果 Excel 是 2010 以下版本，那么可以用以下公式，如下图所示。

=SMALL(IF(WEEKDAY(A2+ROW($1:$99)-1,2)<>7,A2+ROW($1:$99)-1),B2)

开始日期	工作天数	完成日期
2018-3-29	6	2018-4-4
2018-3-29	18	2018-4-18
2018-3-29	19	2018-4-19
2018-3-29	49	2018-5-24

C2 {=SMALL(IF(WEEKDAY(A2+ROW($1:$99)-1,2)<>7,A2+ROW($1:$99)-1),B2)}

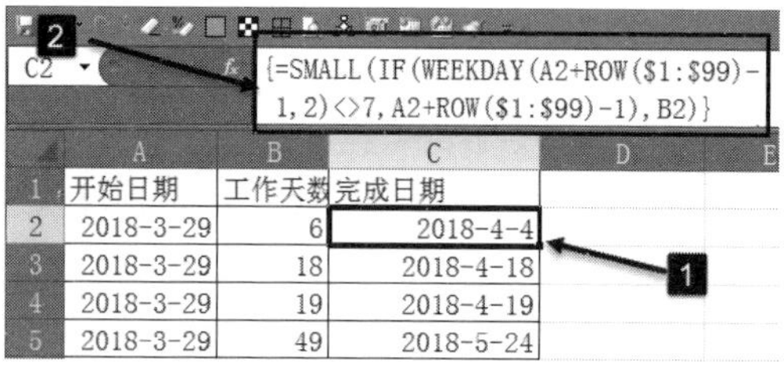

WEEKDAY(A2+ROW($1:$99)-1,2)<>7：从开始日期开始计算，包含开始日期，依次加 0，然后加 1、加 2、加 3……一直加到 98，如果得到的日期不等于 7，则说明不是星期天。

WEEKDAY 函数的第 2 参数如果为 2，则表示星期一是一周的第 1 天。

最后用 SMALL 函数把符合条件的日期提取出来。

本案例视频文件：03/案例 210　计算经过多少个工作日完成任务

案例 211　向下和向右填充公式生成 26 个字母

案例及公式如下图所示。这里要在单元格中向下和向右填充公式生成 26 个字母。

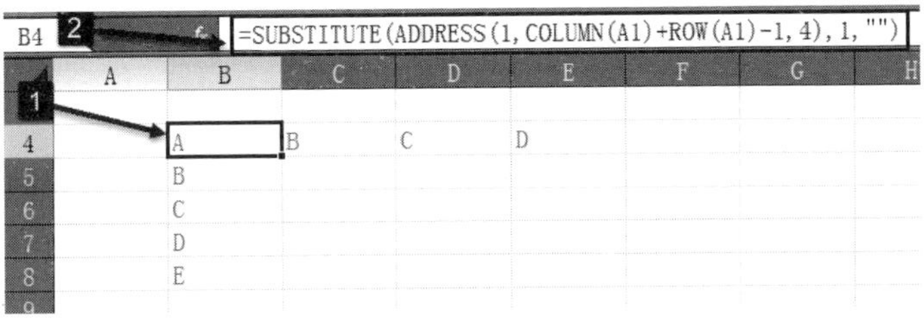

公式

=SUBSTITUTE(ADDRESS(1,COLUMN(A1)+ROW(A1)-1,4),1,"")

公式解释

这里利用了 ADDRESS 函数，它共有 4 个参数。第 1 参数：引用的行；第 2 参数：引用的列；第 3 参数：引用方式，这里为 4，表示为相对引用；第 4 参数：引用的工作表。

这里的 ADDRESS 函数的第 3 参数用得很巧妙，不管是向下还是向右填充公式，都会产生数列 1,2,3,…，最后用 SUBSTITUTE 函数把多余的 1 去掉。

本案例视频文件：03/案例 211　向下和向右填充公式生成 26 个字母

案例 212　提取括号里的数据

案例及公式如下图所示。

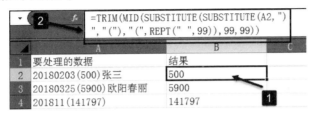

公式

=TRIM(MID(SUBSTITUTE(SUBSTITUTE(A2,")",","("),"(",REPT(" ",99)),99,99))

公式解释

这里用 SUBSTITUTE 函数把“(”和“)”统计成“(”，然后用拉大距离法，通过 SUBSTITUTE 函数把“(”替换成 99 个空格。接着用 MID 函数提取数据，从第 99 个位置开始，提取 99 个字符，也就是提取小括号里的数据，最后用 TRIM 函数把数据前后的空格去掉。

当然我们可以利用 FIND 函数查找“(”和“)”的位置，再用 MID 函数提取其中的数据，如下图所示。

=MID(A2,FIND("(",A2)+1,FIND(")",A2)-FIND("(",A2)-1)

=MID(A2,FIND("(",A2)+1,FIND(")",A2)-FIND("(",A2)-1)

	A	B	C	D
1	要处理的数据	结果		
2	20180203(500)张三	500		
3	20180325(5900)欧阳春丽	5900		
4	201811(141797)	141797		

本案例视频文件：03/案例 212 提取括号里的数据

案例 213　计算一个日期为当月的第几周

案例及公式如下图所示。这里要根据 A 列中的日期，计算此日期为当月的第几周。

2 ="第"&(WEEKNUM(A2,2)-WEEKNUM(EOMONTH(A2,-1)+1,2)+1)&"周"

	A	B	C	D	E	F	G
1	日期	星期	本月第几周				
2	2018-3-1	星期四	第1周				
3	2018-3-2	星期五	第1周				
4	2018-3-3	星期六	第1周				
5	2018-3-4	星期日	第1周	1			
6	2018-3-5	星期一	第2周				
7	2018-3-6	星期二	第2周				
8	2018-3-7	星期三	第2周				
9	2018-3-8	星期四	第2周				
10	2018-3-9	星期五	第2周				
11	2018-3-10	星期六	第2周				
12	2018-3-11	星期日	第2周				
13	2018-3-12	星期一	第3周				
14	2018-3-13	星期二	第3周				
15	2018-3-14	星期三	第3周				

公式

="第"&(WEEKNUM(A2,2)-WEEKNUM(EOMONTH(A2,-1)+1,2)+1)&"周"

公式解释

WEEKNUM 函数用于返回一个日期是一年中的第几周，而我们要先找到这个月的第一天是一年中的第几周，然后将两数相减，得到的是日期是当月的第几周。

EOMONTH(A2,-1)得到的是上一个月的最后一天日期，然后加 1 得到当月的第一天日期。

本案例视频文件：03/案例 213 计算一个日期为当月的第几周

案例 214　隔列求和的 3 种方法

案例及公式如下图所示。这里要计算 A2:F2 单元格区域中偶数列的数量之和。

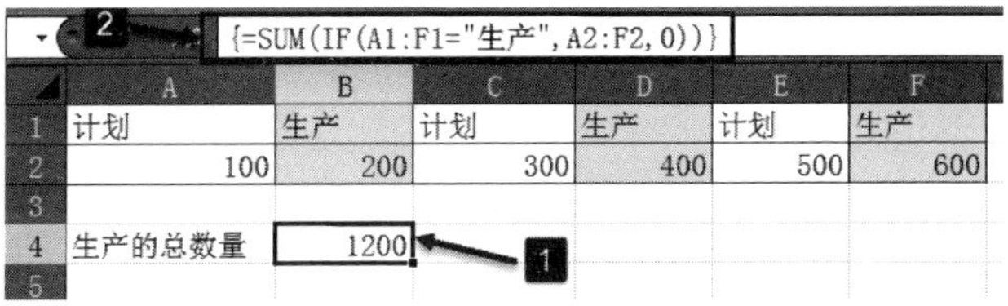

方法 1：使用 SUM 和 IF 函数
公式
=SUM(IF(A1:F1="生产",A2:F2,0))

公式解释
此种方法是使用数组公式来求解的，如果单元格区域 A1:F1 中有字符等于"生产"，就显示其下方单元格中对应的数据，否则就显示 0，然后再用 SUM 函数求和。

方法 2：使用 SUMIF 函数（见下图）
=SUMIF(A1:F1,"生产",A2:F2)。
SUMIF 函数有 3 个参数，第 1 参数：条件所在的区域；第 2 参数：条件；第 3 参数：求和区域。

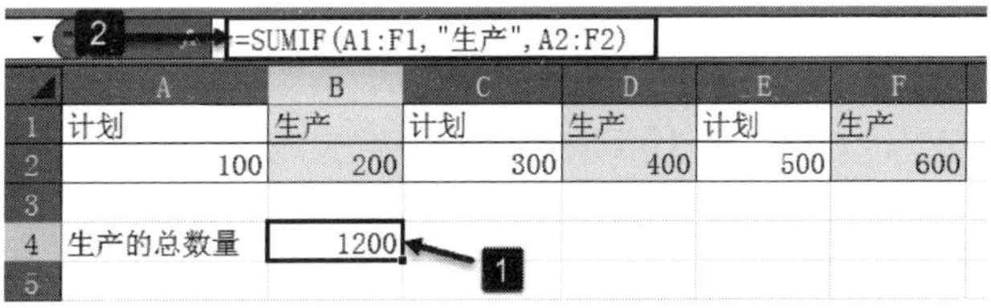

方法 3：使用 SUM+IF+COLUMN 函数（见下图）
公式
=SUM(IF(MOD(COLUMN(A1:F1),2),0,A2:F2))

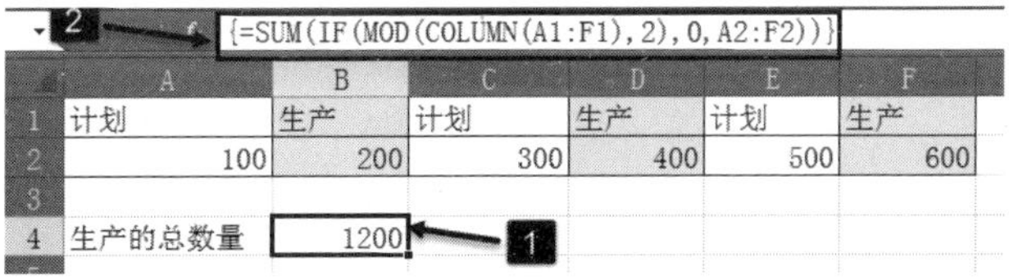

此公式是求偶数列中的数的和。这里使用了取余函数 MOD。它的第 2 参数为 2，表示除数，如果结果等于 1 就显示 0，等于 0 就显示下一行对应的数值，然后用 SUM 函数求和。这个公式也是数组公式。

本案例视频文件：03/案例 214 隔列求和的 3 种方法

案例 215　取得单元格的列号

案例及公式如下图所示。这里要计算当前单元格中的列号。

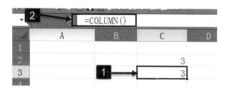

公式

=COLUMN()

公式解释

如果 COLUMN 函数的参数为空，则返回这个公式所在的单元格的列号。

当然，也可以用单元格信息函数 CELL，即公式=CELL("col")，如下图所示。但是这个公式只能应用于一个单元格中，不能应用于多个单元格中，如果要应用于多个单元格中，就要把它的第 2 参数补上，即=CELL("col",C2)。

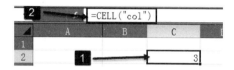

本案例视频文件：03/案例 215　取得单元格的列号

案例 216　筛选在 19:00—23:00 范围内的时间

案例及公式如下图所示。这里要根据 A 列的时间，筛选出在 19:00—23:00 范围内的时间。

	A	B	C	D	E
1	时间	结果			
2	2012-8-1 15:00	2012-8-1 19:00:00			
3	2012-8-1 16:00	2012-8-1 20:00:00			
4	2012-8-1 17:00	2012-8-1 21:00:00			
5	2012-8-1 18:00	2012-8-1 22:00:00			
6	2012-8-1 19:00	2012-8-1 23:00:00			
7	2012-8-1 20:00				
8	2012-8-1 21:00				
9	2012-8-1 22:00				
10	2012-8-1 23:00				

公式栏：{=TEXT(INDEX(A:A,SMALL(IF((HOUR($A$2:$A$10)>=19)*(HOUR($A$2:$A$10)<=23),ROW($A$2:$A$10),2^20),ROW(A1))),"e-m-d hh:mm:ss;;")}

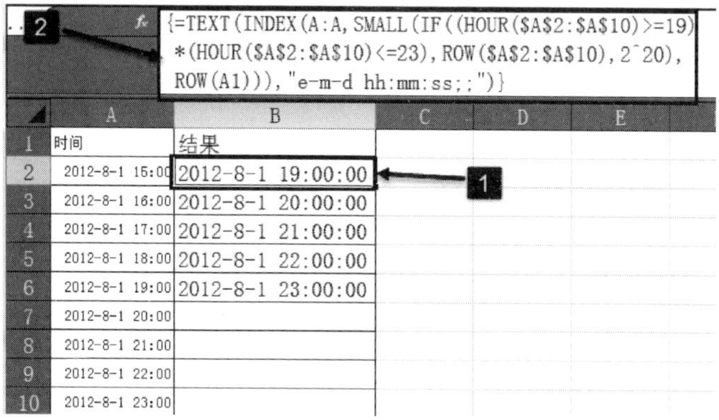

公式

=TEXT(INDEX(A:A,SMALL(IF((HOUR($A$2:$A$10)>=19)*(HOUR($A$2:$A$10)<=23),ROW($A$2:$A$10),2^20),ROW(A1))),"e-m-d hh:mm:ss;;")

公式解释

用 HOUR 函数可以把单元格区域 A2:A10 中的小时提取出来，如果大于或等于 19，且小于或等于 23，就显示它们所在的行号，否则就显示 2^20，也就是 Excel 最大的行号。

在此公式中，当引用最后一个单元格中的值为 0 时，也会显示日期格式，所以用 TEXT 函数处理一下，如果值为 0 则显示为空。

本案例视频文件：03/案例 216 筛选在 19:00—23:00 范围内的时间

案例 217　判断某月有多少天

案例及公式如下图所示。这里根据 A 列中的日期，判断日期所在的当月有多少天。

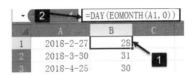

公式

=DAY(EOMONTH(A1,0))

公式解释

EOMONTH 函数用于返回一个日期的前几个月或者后几个月的最后一天。其中共有两个参数，第 1 参数：起始日期；第 2 参数：如果为 0，则表示起始日期所在月份的最后一天，如果为-1，则表示起始日期前一个月的最后一天，如果为 1，则表示起始日期后一个月的最后一天，依此类推。

本案例视频文件：03/案例 217 判断某月有多少天

案例 218　获取当前工作表的名称

案例及公式如下图所示。

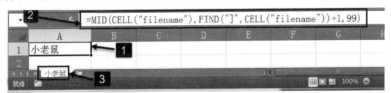

公式

=MID(CELL("filename"),FIND("]",CELL("filename"))+1,99)

公式解释

CELL("filename")：使用了单元格信息函数 CELL，用于返回"工作簿路径+[工作簿名.

扩展名]+工作表名"。然后用 FIND 函数找到右半边中括号的位置并加 1，作为 MID 函数的第 2 参数。

▶ **本案例视频文件**：03/案例 218 获取当前工作表的名称

案例 219　输出 4 位数，不足 4 位在左边加 0

案例及公式如下图所示。这里要将 A 列单元格中的数据输出为 4 位数，如果不足 4 位数则在左边加 0。

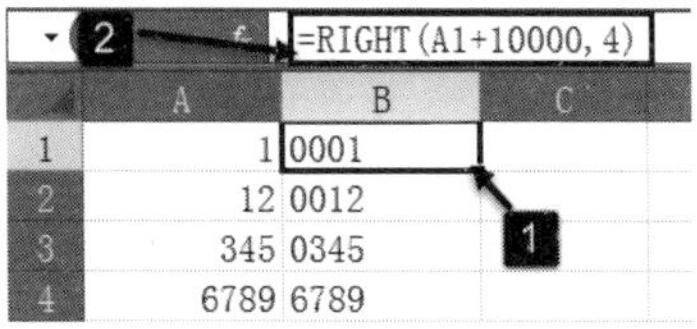

方法 1：使用 RIGHT 函数
公式

=RIGHT(A1+10000,4)

公式解释

先将单元格中的数字加上 10000（前提是单元格中的数字不超过 4 位），目的是补充 0，原来的数字位置保持不变，然后从单元格的右边开始提取 4 位数字，这样就在不足 4 位的数字的前面补 0 了。

方法 2：使用 REPT 和 LEN 函数（见下图）
公式

=REPT(0,4-LEN(A1))&A1

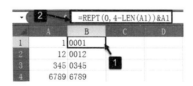

公式解释

REPT 函数用于重复第 1 参数，重复多少次由它的第 2 参数决定。4-LEN(A1)得到要重复的次数。

方法 3：使用 TEXT 函数（见下图）
公式

=TEXT(A1,"0000")

第 3 章 中级函数：实现批量数据处理

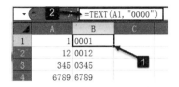

▶ 本案例视频文件：03/案例 219 输出 4 位数，不足 4 位在左边加 0

案例 220　限制单元格中只能输入 15 位或者 18 位字符

案例及公式如下图所示。这里要限制单元格 A1 中只能输入 15 位或者 18 位字符。

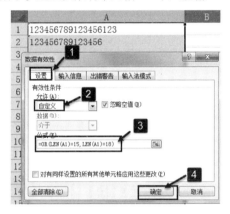

公式

=OR(LEN(A1)=15,LEN(A1)=18)

公式解释

在"数据有效性"对话框里设置数据有效性公式。具体操作方法：选中 A 列（要设置的单元格），选择"数据"选项卡中的"数据有效性"命令。在打开的"数据有效性"对话框中选择"设置"选项卡，在"允许"列表框中选择"自定义"选项，在"公式"文本框中输入"=OR(LEN(A1)=15,LEN(A1)=18)"，单击"确定"按钮。

单元格字符的长度等于 15 或者单元格字符的长度等于 18，这两个条件有一个成立就可以了。

▶ 本案例视频文件：03/案例 220 限制单元格中只能输入 15 位或者 18 位字符

第 4 章

高级函数：
Excel 函数高级用法

4.1 矩阵乘积函数

公式：MMULT(array1,array2)

作用：实现数组 array1 的每一行单元格与数组 array2 的每一列与之对应的单元格相乘再相加计算。

要注意的知识点

要点 1：数组 array1 的列数要与数组 array2 的行数相等。

要点 2：返回的结果是一个新的数组，这个新数组的行数与数组 array1 的行数一样，列数与数组 array2 的列数一样。

要点 3：这两个参数不支持逻辑值运算。

要点 4：单元格区域引用可以作为参数。

要点 5：不支持文本运算，如果是空单元格，则要加 "- -"，让其转换为 0。

案例 221　使用 MMULT 函数求各科成绩总和

案例及公式如下图所示。这里要求各科成绩总和。

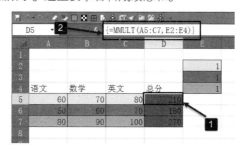

公式

=MMULT(A5:C7,E2:E4)

公式解释

公式的计算顺序是：单元格区域 A5:C7 的第 1 行——单元格 A5，与单元格 E2 相乘；单元格 B5 与单元格 E3 相乘；单元格 C5 与单元格 E4 相乘，然后求和，即 60×1+70×1+80×1，最后得到的结果为 210。接着是单元格区域 A5:C7 的第 2 行——单元格 A6，与单元格 E2 相乘；单元格 B6 与单元格 E3 相乘；单元格 C6 与单元格 E4 相乘，然后求和，也就是 50×1+60×1+70×1，最后得到的结果为 180。单元格区域 A5:C7 的第 3 行——单元格 A7，与单元格 E2 相乘；单元格 B7 与单元格 E3 相乘；单元格 C7 与单元格 E4 相乘，然后求和，也就是 80×1+90×1+100×1，最后得到的结果为 270。

返回的结果是 3 行 1 列的单元格区域，即返回的结果是一个新的数组，这个新数组的行数与数组 array1 的行数一样，列数与数组 array2 的列数一样。

备注　其实使用一个 SUM 公式就可以实现同样的目的，为什么要使用这么复杂的公式？这里是为了让读者学习使用函数 MMULT，在 D5 单元格中输入公式之后，选择单元格区域 D5:D7，按快捷键 Ctrl+Shift+Enter 即可得到结果，不用向下填充公式。

案例 222　使用 MMULT 函数求每一个人的总分

案例及公式如下图所示。这里要求每一个人的总分。

公式

=MMULT(B7:D7,B2:E4)

公式解释

要求每一个人的总分，需要用到以下方法：

将单元格区域 B7:D7 这 1 行与单元格区域 B2:E4 的第 1 列相乘再相加，即 B7×B2+C7×B3+D7×B4，结果为 1×60+1×70+1×80=210，得到张三的总分；

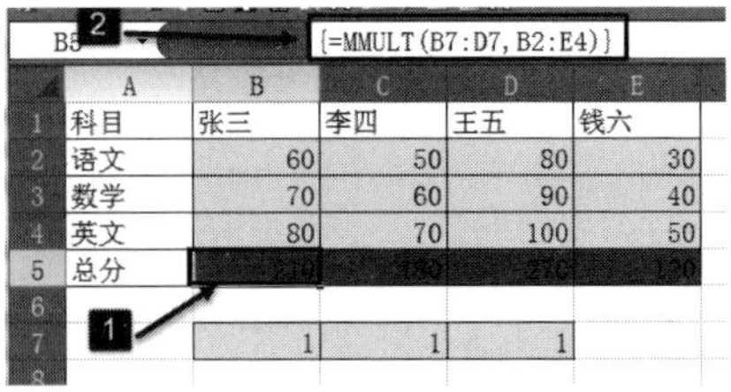

将单元格区域 B7:D7 这 1 行与单元格区域 B2:E4 的第 2 列相乘再相加,也就是 B7×C2+C7×C3+D7×C4,结果是 1×50+1×60+1×70=180,得到李四的总分;

将单元格区域 B7:D7 这 1 行与单元格区域 B2:E4 的第 3 列相乘再相加,也就是 B7×D2+C7×D3+D7×D4,结果为 1×80+1×90+1×100=270,得到王五的总分;

将单元格区域 B7:D7 这 1 行与单元格区域 B2:E4 的第 4 列相乘再相加,也就是 B7×E2+C7×E3+D7×E4,结果为 1×30+1×40+1×50=120,得到钱六的总分。

在此公式中,第 1 参数为 3 列,第 2 参数为 3 行 4 列,符合 MMULT 函数的第 1 参数的列数要与第 2 参数的行数相等的要求。

返回的结果是 1 行 4 列的数组,也就是得到 4 个结果,即返回的结果是一个新的数组,这个新的数组的行数与数组 array1 的行数一样为 1 行,列数与数组 array2 的列数一样为 4 列。

案例 223　使用 MMULT 函数单条件求和

案例及公式如下图所示。这里要根据姓名求对应的数量总和。

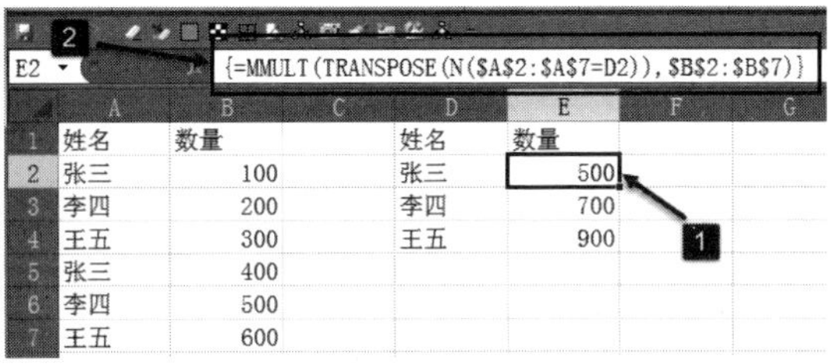

公式

=MMULT(TRANSPOSE(N($A$2:$A$7=D2)),$B$2:$B$7)

公式解释

如上图所示,A 列和 B 列都是纵向的,所以在判断 A2:A7 单元格区域之后,返回的是一串由 FALSE 和 TRUE 组成的布尔值。由于 MMULT 函数不直接支持布尔值运算,所以这里通过 N 函数进行转换,把 TRUE 转换为 1,把 FALSE 转换为 0,然后再作为 MMULT 函数的第 1 参数。这样就符合 MMULT 函数的第 1 参数的列数要和第 2 参数的行数相等的要求。当然,这里最好使用 SUMIF 函数,没有必要用 MMULT 函数。我们这里用它是为了让读者学习 MMULT 函数的用法。

案例 224　使用 MMULT 函数实现多行多列查找

案例及公式如下图所示。这里要根据姓名计算对应的数量总和。

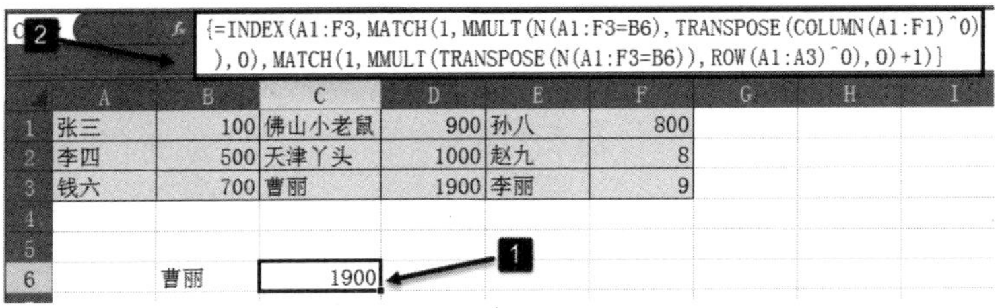
{=INDEX(A1:F3,MATCH(1,MMULT(N(A1:F3=B6),TRANSPOSE(COLUMN(A1:F1)^0)),0),MATCH(1,MMULT(TRANSPOSE(N(A1:F3=B6)),ROW(A1:A3)^0),0)+1)}

	A	B	C	D	E	F
1	张三	100	佛山小老鼠	900	孙八	800
2	李四	500	天津丫头	1000	赵九	8
3	钱六	700	曹丽	1900	李丽	9
4						
5						
6		曹丽	1900			

公式

=INDEX(A1:F3,MATCH(1,MMULT(N(A1:F3=B6),TRANSPOSE(COLUMN(A1:F1)^0)),0),MATCH (1,MMULT(TRANSPOSE(N(A1:F3=B6)),ROW(A1:A3)^0),0)+1)

公式解释

MMULT(N(A1:F3=B6),TRANSPOSE(COLUMN(A1:F1)^0))：得到的是 3 行 1 列的一维数组{0;0;1}。

TRANSPOSE(COLUMN(A1:F1)^0)：返回的是{1;1;1;1;1;1}，即 6 行 1 列的一维数组。

MATCH(1,MMULT(N(A1:F3=B6),TRANSPOSE(COLUMN(A1:F1)^0)),0)：用 MATCH 函数找到 1 的位置，也就是定位“曹丽”在第几行，即第 3 行。

TRANSPOSE(N(A1:F3=B6))：用于返回 6 行 3 列的数组，即{0,0,0;0,0,0;0,0,1;0,0,0;0,0,0;0,0,0}，作为 MMULT 函数的第 1 参数，因此，MMULT 函数的第 2 参数一定要是 3 行数组。ROW(A1:A3)^0 返回的是{1;1;1}。MMULT 函数的第 1 参数的列数（3 列）与第 2 参数的行数（3 行）相等，第 1 参数和第 2 参数运算之后返回 6 行 1 列的一维数组：{0;0;1;0;0;0}。

之后再用 MATCH 函数定位 1 的位置，也就是定位“曹丽”所在那一列，作为 INDEX 函数的第 3 参数。

案例 225　找出每个销售员销量最大的 4 个数值

案例及公式如下图所示。这里要找出每个销售员的销量最大的 4 个数值。

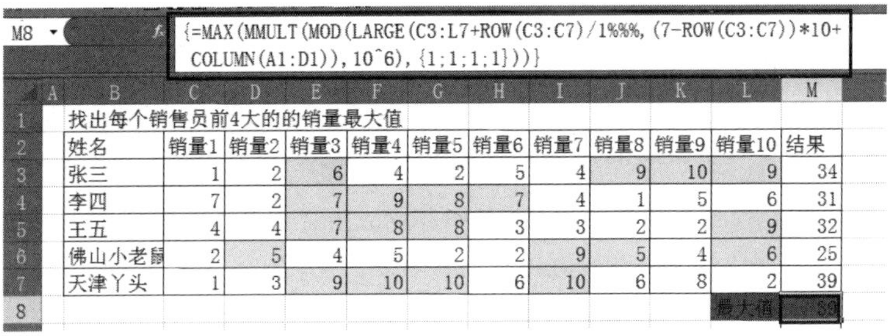
M8　{=MAX(MMULT(MOD(LARGE(C3:L7+ROW(C3:C7)/1%%%,(7-ROW(C3:C7))*10+COLUMN(A1:D1)),10^6),{1;1;1;1}))}

	B	C	D	E	F	G	H	I	J	K	L	M
1	找出每个销售员前4大的的销量最大值											
2	姓名	销量1	销量2	销量3	销量4	销量5	销量6	销量7	销量8	销量9	销量10	结果
3	张三	1	2	6	4	2	5	4	9	10	9	34
4	李四	7	2	7	9	8	7	4	1	5	6	31
5	王五	4	4	7	8	8	3	3	2	2	9	32
6	佛山小老鼠	2	5	4	5	2	2	9	5	4	6	25
7	天津丫头	1	3	9	10	10	6	10	6	8	2	39
8											最大值	39

公式

=MAX(MMULT(MOD(LARGE(C3:L7+ROW(C3:C7)/1%%%,(7-ROW(C3:C7))*10+COLUMN(A1:D1)),10^6),{1;1;1;1}))

公式解释

LARGE(C3:L7+ROW(C3:C7)/1%%%,(7-ROW(C3:C7))*10+COLUMN(A1:D1))：这里对 LARGE 函数的第 1 参数进行加权，把每一行数据的行号放大 1000000 倍（除以 1%%%就是相当于乘以 1000000），然后加上它们本身的值。这样加权处理之后，下一行比上一行扩大 1000000 倍，目的是拉大它们之间的数量级差别。

这里的 LARGE 函数的第 2 参数用了数组，(7-ROW(C3:C7))*10+COLUMN(A1:D1)返回的结果为{41,42,43,44; 31,32,33,34; 21,22,23,24;11,12,13,14;1,2,3,4}。意思是每一行，也就是每一个姓名对应的销量最大的 4 个数值，然后又通过加权还原回来，通过 MOD 函数取余，得到一个 5 行 4 列的二维数组{10,9,9,6;9,8,7,7;9,8,8,7; 9,6,5,5;10,10,10,9}作为 MMULT 函数的第 1 参数，它的列数是 4 列，这样我们就给 MMULT 函数第 2 参数构建 4 行 1 列的数组，得到{1;1;1;1}。最后 MMULT 函数返回的结果是每个姓名对应的销量最大的 4 个数值的和{34;31;32;25;39}，再用 MAX 函数提取最大值 39。

案例 226　按数量生成姓名

案例及公式如下图所示。这里要根据 A 列的姓名，按照 B 列中的数量，在 C 列生成姓名。

公式

=LOOKUP(ROW(A1)-1,MMULT(N(ROW($A$1:A5)>TRANSPOSE(ROW($A$1:A5))),--$B$2:B6),$A$2:A6)&""

公式解释

此公式的巧妙之处在于 N(ROW($A$1:A5)>TRANSPOSE(ROW($A$1:A5)))，其构建了数组{0,0, 0,0,0;1,0,0,0,0;1,1,0,0,0;1,1,1,0,0;1,1,1,1,0}，并作为 MMULT 函数的第 1 参数，这样就可以把 B 列的数据从 0 开始进行累加。累加之后得到一维数组{0;3;4;6;7}，并作为 LOOKUP 函数的第 2 参数，且是升序排序。LOOKUP 函数的第 1 参数为 ROW(A1)-1，即

从 0 开始查找。

为什么这里使用--$B$2:B6，要多加一个空单元格（B6）而且还要加两个负号--？空单元格表示结束了。由于 B6 是空单元格，MMULT 函数不支持空值运算，所以要加--，把空单元格转换为 0。

4.2 频率函数

公式：=FREQUENCY(data_array,bins_array)

要注意的知识点

第 1 点：FREQUENCY 函数总共有两个参数，第 1 参数为一组垂直数组；第 2 参数为要求出现频率的元素。其中第 1 参数和第 2 参数都可以是引用的单元格或数组。

第 2 点：在第 1 参数中统计小于或等于第 2 参数的分隔点且还要大于前一个分隔的个数。

第 3 点：第 1 参数和第 2 参数只支持数值型数据，不支持文本和文本型数据。

第 4 点：第 1 参数和第 2 参数只支持布尔值（TRUE 或 FALSE）、空单元格参与计算。

第 5 点：统计出来的结果会比第 2 参数中元素的分隔点多一个，多出来的就是统计大于第 2 参数最大值的个数。

第 6 点：第 2 参数不参与排序，但是在运算时它是按升序进行统计的。

第 7 点：显示的结果还是按第 2 参数进行显示。

第 8 点：如果第 2 参数中有用于分隔重复元素的分隔点出现，则只显示第 1 个分隔点，重复出现的分隔点显示 0。

案例 227　使用 FREQUENCY 函数统计分数出现的频率

案例及公式如下图所示。这里将 A 列中的分数分成 4 个等级（见 B 列），统计每个等级中分数出现的频率。

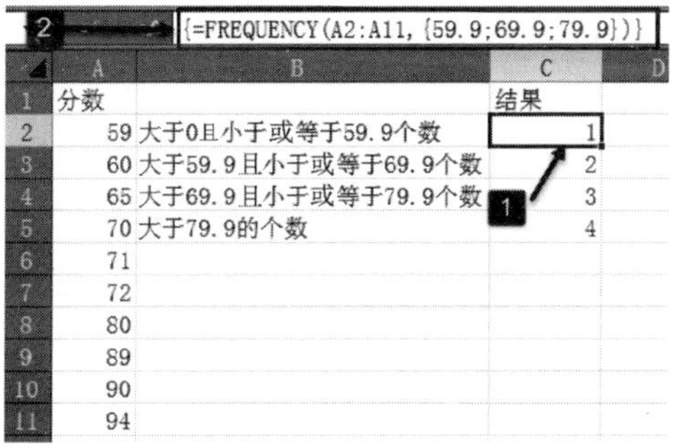

	A	B	C
1	分数		结果
2	59	大于0且小于或等于59.9个数	1
3	60	大于59.9且小于或等于69.9个数	2
4	65	大于69.9且小于或等于79.9个数	3
5	70	大于79.9的个数	4
6	71		
7	72		
8	80		
9	89		
10	90		
11	94		

{=FREQUENCY(A2:A11,{59.9;69.9;79.9})}

公式

=FREQUENCY(A2:A11,{59.9;69.9;79.9})

公式解释

在此公式中,第 2 参数中有 3 个元素:{59.9;69.9;79.9}。在 A2:A11 单元格区域中,大于 0 且小于或等于 59.9 的值有 1 个;大于 59.9 且小于或等于 69.9 的值有两个;大于 69.9 且小于或等于 79.9 的值有 3 个;大于 79.9 的值有 4 个。

案例 228　使用 FREQUENCY 函数统计不重复值的个数

案例及公式如下图所示。这里要统计 A 列中不重复值的个数。

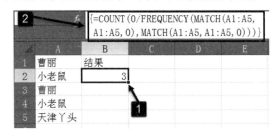

公式

=COUNT(0/FREQUENCY(MATCH(A1:A5,A1:A5,0),MATCH(A1:A5,A1:A5,0)))

公式解释

在此公式中,由于 FREQUENCY 函数的第 1 参数和第 2 参数只支持数值型数据,不支持文本和文本型数据,所以这里用 MATCH 函数进行数值转换。MATCH 函数有一个特点:如果数值重复出现,则只显示第 1 次出现的位置。而在 FREQUENCY 函数的第 2 参数里,如果数值重复出现,则只显示第 1 次出现的频率,再次出现的计为 0,这样用 0 除以 0 会报错,0 除以其他数值结果为 0,最后用 COUNT 函数统计数值型数字的个数,也就是 0 的个数,从而得到了唯一值的个数。

FREQUENCY(MATCH(A1:A5,A1:A5,0),MATCH(A1:A5,A1:A5,0)):返回{2;2;0;0;1;0}。

MATCH(A1:A5,A1:A5,0):返回{1;2;1;2;5},也就是小于或等于 1 的个数是 2;大于 1 且小于或等于 2 的个数也是 2,而{1;2;1;2;5}中的第 3 个值和第 4 个值重复,显示为 0,因此大于 2 且小于或等于 5 的个数是 1,最后还要多出一个结果:大于 5 的个数为 0,最后返回结果为{2;2;0;0;1;0}。

案例 229　使用 FREQUENCY 函数实现去重

案例及公式如下图所示。这里要对 A 列中的姓名进行去重。

第 4 章 高级函数：Excel 函数高级用法

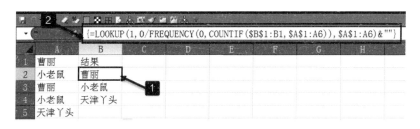

公式

=LOOKUP(1,0/FREQUENCY(0,COUNTIF($B$1:B1,$A$1:A6)),$A$1:A6)&""

公式解释

在此公式中，FREQUENCY 函数的第 2 参数为 COUNTIF($B$1:B1,$A$1:A6)，其中 B1 单元格中是"结果"两个字，在 A1:A6 单元格区域中没有"结果"，所以返回 6 个 0，即{0;0;0;0;0;0}。而 FREQUENCY 函数的第 1 参数是 0，小于或等于 0 的个数为 1 个，后面又重复统计小于或等于 0 的个数 5 次，根据 FREQUENCY 函数的特点，如果重复统计则全部显示为 0。0/FREQUENCY 得到一个 0，而得到这个 0 的位置就是我们定位 LOOKUP 函数的第 3 参数要返回的位置。为什么后面还要连接空格""？这是为了屏蔽引用空单元格时显示的 0。

案例 230 合并单元格条件求和

案例及公式如下图所示。这里要统计每个人对应的数量之和。

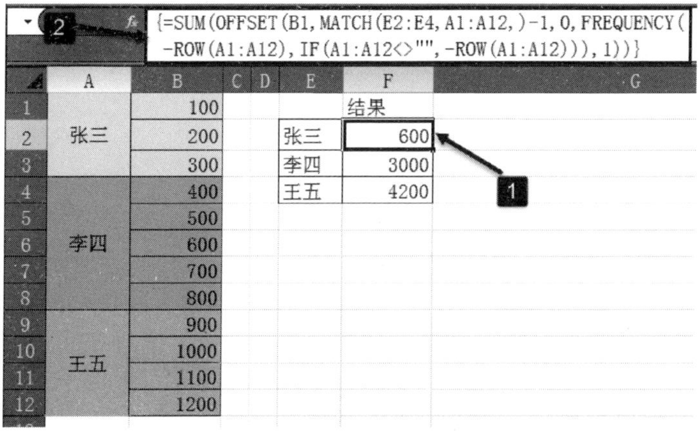

公式

=SUM(OFFSET(B1,MATCH(E2:E4,A1:A12,)-1,0,FREQUENCY(-ROW(A1:A12),IF(A1:A12<>"",-ROW(A1:A12))),1))

公式解释

MATCH(E2:E4,A1:A12,)-1：找到每一个姓名的起始单元格，作为 OFFSET 函数的第 2 参数，即偏移的行。

FREQUENCY(-ROW(A1:A12),IF(A1:A12<>"",-ROW(A1:A12)))：把每一个姓名所需要合并单元格的个数统计出来，其中-ROW(A1:A12)返回{-1;-2;-3;-4;-5;-6;-7;-8;-9;-10;-11;-12}，而 IF(A1:A12<>"", -ROW(A1:A12)) 返回 {-1;FALSE;FALSE;-4;FALSE;FALSE;FALSE;FALSE;-9;FALSE;FALSE;FALSE}。根据 FREQUENCY 函数的特点：第 1 参数和第 2 参数只支持数值型数据，不支持文本和文本型数据，因此 FREQUENCY(-ROW(A1:A12),IF(A1:A12<>"",-ROW(A1:A12)))返回{3;5;4;0}。

另外要注意，在 F2 单元格中输好公式之后，选中单元格区域 F2:F4，再将鼠标光标定位到编辑栏中，然后按快捷键 Ctrl+Shift+Enter 结束。

4.3 降维函数

1. 什么是降维

在初中几何课本中曾讲过，点组成线，线组成面，面组成体。在 Excel 中也是类似的，其中点就是一个个的单元格，线就是工作表里的行或者列（可以将其看作一维），工作表里的单元格区域可以理解成面（可以将其看作二维）。一维和二维不用降维，如果多个面构建了多维就可以降维，当然一个面也可以指一个单元格。

2. 哪些函数可以降维

下面这些函数可以降维：

- T 函数
- N 函数
- SUMIF 函数
- SUBTOTAL 函数

3. 哪些函数会造成多维

下面这些函数会造成多维：

- OFFSET 函数
- INDIRECT 函数

案例 231 使用 N 函数降维求奇数行的和

案例及公式如下图所示。这里要求 A 列中奇数行中的数量之和。

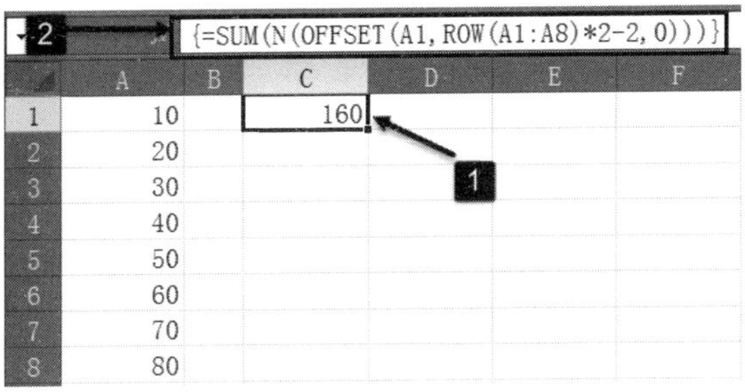

```
{=SUM(N(OFFSET(A1,ROW(A1:A8)*2-2,0)))}
```

	A	B	C	D	E	F
1	10		160			
2	20					
3	30					
4	40					
5	50					
6	60					
7	70					
8	80					

公式

=SUM(N(OFFSET(A1,ROW(A1:A8)*2-2,0)))

公式解释

在此公式中，OFFSET 函数的第 2 参数中的偏移行为区域数组，这样就构建了多个单元格。如果直接求和则不会得到正确的结果。例如，对于公式=SUM(OFFSET(A1,ROW(A1:A8)*2-2,0))，由于 A 列中是数值型数字，所以这里要使用 N 函数来降维，如果 A 列中是文本，就要使用 T 函数降维了；另外，也可以使用公式=SUM(MOD(ROW (A1:A8),2)*A1:A8)来解决这个问题。

案例 232　使用 T 函数降维动态求和

案例及公式如下图所示。这里要根据姓名对数量进行动态求和。

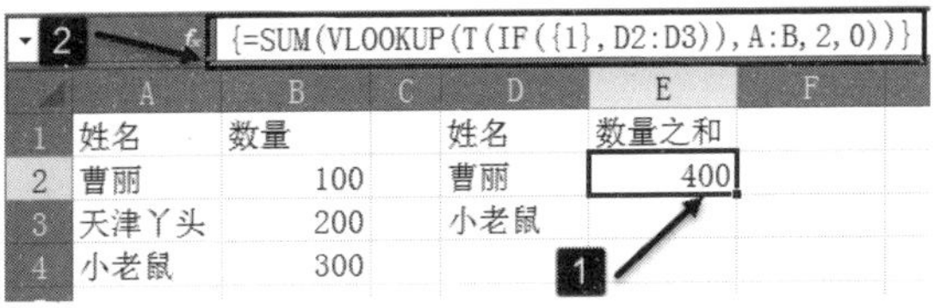

```
{=SUM(VLOOKUP(T(IF({1},D2:D3)),A:B,2,0))}
```

	A	B	C	D	E	F
1	姓名	数量		姓名	数量之和	
2	曹丽	100		曹丽	400	
3	天津丫头	200		小老鼠		
4	小老鼠	300				

公式

=SUM(VLOOKUP(T(IF({1},D2:D3)),A:B,2,0))

公式解释

在此公式中，VLOOKUP 函数的第 1 参数只能引用单个值，如果要引用整列，则也算作引用单个值，即公式所在的行与引用的列交叉的单元格（例如在此案例中，公式所在的行是第 2 行，与 D 列交叉的单元格是 D2）。VLOOKUP 函数本身不支持多单元格引用，但是支持内存数组引用。IF({1},D2:D3)构建了多维数组，多维数组在函数里不能得出正确的结果，而"曹丽""小老鼠"是文本，所以这里用 T 函数降维，这样就查到了"小老鼠"对应的数量为 300，"曹丽"对应的数量为 100，最后用 SUM 函数将两个数量相加。

另外还可以使用公式=SUM(SUMIF(A:A,D2:D3,B:B))来求解。

案例 233 使用 SUMIF 函数进行降维汇总多个工作表

案例及公式如下图所示。这里要根据总表中的姓名，汇总各个工作表中对应的数量之和。

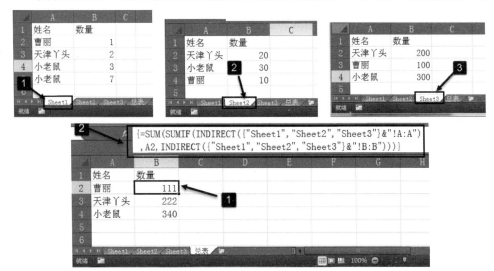

公式

=SUM(SUMIF(INDIRECT({"Sheet1","Sheet2","Sheet3"}&"!A:A"),A2,INDIRECT({"Sheet1","Sheet2","Sheet3"}&"!B:B")))

公式解释

INDIRECT({"Sheet1","Sheet2","Sheet3"}&"!A:A")：指向 3 个工作表中每一个工作表的 A 列。

{"Sheet1","Sheet2","Sheet3"}&"!A:A"：这只是一串字符串，在外面加 INIDRECT 函数变成了单元格区域，但是这样构建了多维。这里使用 SUMIF 函数有两个作用，一个是条件求和，另一个是降维。

同理，SUMIF 函数的第 3 参数也是相同的用法。

案例 234 使用 SUBTOTAL 函数降维实现隔列求和

案例及公式如下图所示。这里要求第一行单元格中奇数列的数据之和。

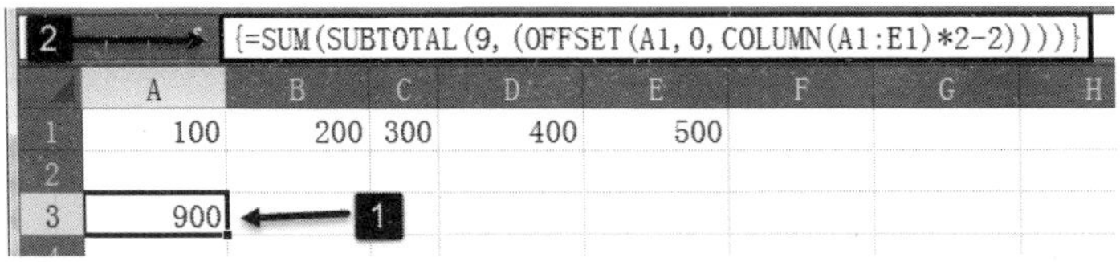

公式

=SUM(SUBTOTAL(9,(OFFSET(A1,0,COLUMN(A1:E1)*2-2))))

公式解释

OFFSET(A1,0,COLUMN(A1:E1)*2-2)：返回 A1、C1、E1 单元格中的值，构建了多维。如果直接使用 SUM 函数求和（即公式为=SUM((OFFSET(A1,0,COLUMN(A1:E1)*2-2)))），则得到的结果是 100。

所以这里要用 SUBTOTAL 函数来降维，它的第 1 参数为 9，表示求和，然后用 SUM 函数求和。

案例 235　为何 MATCH 函数会报错

案例及公式如下图所示。这里使用 MATCH 函数来查找"小老鼠"所在的位置，为什么会返回错误值？

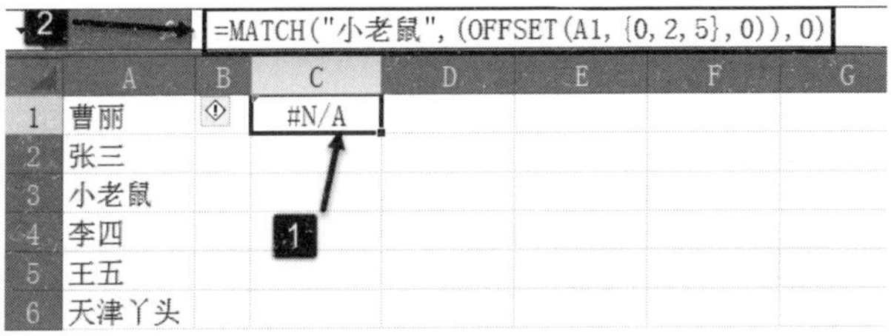

公式

=MATCH("小老鼠",(OFFSET(A1,{0,2,5},0)),0)

公式解释

由于这里的 OFFSET(A1,{0,2,5},0)构建了多维，而 MATCH 函数的第 2 参数只支持一维，所以系统报错。这里需要在 OFFSET 函数前面加一个 T 函数来降维。

由于 A 列中的值是文本，所以这里将公式改为=MATCH("小老鼠",T(OFFSET(A1,{0,2,5}, 0)),0)，结果返回 2，即找到"小老鼠"在通过 OFFSET 新构建的单元格区域中第 2 个位置（通过 OFFSET(A1,{0,2,5}, 0)处理之后，只包含 3 个值，{"曹莉"，"小老鼠"，"天津丫头"}），如下图所示。

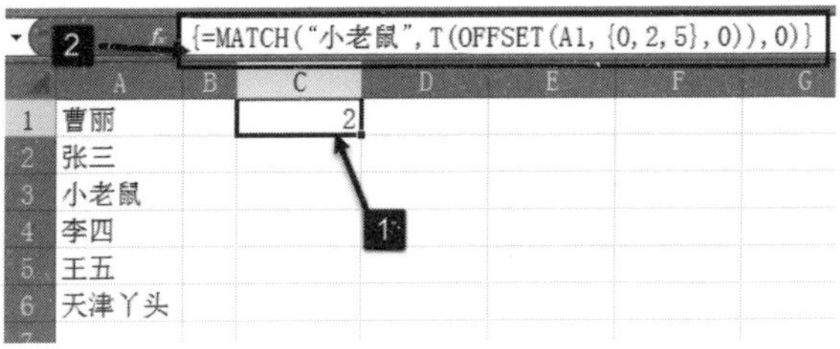

4.4 加权函数

对于加权的作用,笔者是这样理解的:在处理数据时,先把一些数据放大,方便我们区分和处理,等处理好数据之后再把数据还原回来。

案例236 提取多段数字

案例及公式如下图所示。这里要提取 A 列单元格中的数字。

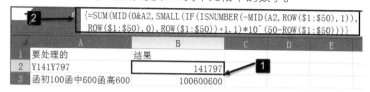

公式

=SUM(MID(0&A2,SMALL(IF(ISNUMBER(-MID(A2,ROW($1:$50),1)),ROW($1:$50),0),ROW ($1:$50))+1,1)*10^(50-ROW($1:$50)))

公式解释

IF(ISNUMBER(-MID(A2,ROW($1:$50),1)),ROW($1:$50),0):先用 MID 函数将单元格中的字符一个个地分隔,然后在其前面加一个负号,目的是把字符由文本型转为数值型,便于 ISNUMBER 函数判断字符是否是数值型,如果是,则返回行号 ROW($1:$50),否则返回 0。

SMALL(IF(ISNUMBER(-MID(A2,ROW($1:$50),1)),ROW($1:$50),0),ROW($1:$50))+1:用 SMALL 函数升序排列结果,在升序排列之后 0 排在前面。因为 MID 函数的第 2 参数从第 0 个位置提取数据会报错,所以要加 1。

MID(0&A2,SMALL(IF(ISNUMBER(-MID(A2,ROW($1:$50),1)),ROW($1:$50),0),ROW($1:$50))+1,1):用 MID 函数把每一个数字提取出来。

在 MID(0&A2,SMALL(IF(ISNUMBER(-MID(A2,ROW($1:$50),1)),ROW($1:$50),0),ROW($1:$50)) +1,1)*10^(50-ROW($1:$50))中,10^(50-ROW($1:$50))用于加权,即将个位上的数乘以 0,十位上的数乘以 10,百位上的数乘以 100,千位上的数乘以 1000,依此类推。加权之后是为了让字符的位置不变,再相加,结果就把每一个数字提取出来了。

案例237 动态引用每一列单元格中的最后一个值并求和

案例及公式如下图所示。这里要动态引用 A 列至 C 列单元格中的最后一个值并求和。

公式

=SUM(MOD(LARGE(COLUMN(A1:C4)*1000000+IF(A1:C4<>"",10000*ROW(A1:A4)+A1:C4,0),COLUMN(A1:C1)*4-3),10000))

公式解释

COLUMN(A1:C4)*1000000+IF(A1:C4<>"",10000*ROW(A1:A4)+A1:C4,0)：先将列加权，由于 COLUMN(A1:C4) 返回 1,2,3,4，所以 COLUMN(A1:C4)*1000000 为将 A 列的值变为 100 万倍，B 列的值变为 200 万倍，C 列的值变为 300 万倍。这样加权后得到的结果就是 C 列中的值大于 B 列和 A 列中的值，B 列中的值大于 A 列中的值。然后判断单元格区域是否为空，如果不为空就把行号加权，乘以 1000，然后加上其本身的数据，这样就保证每一列为空的单元格中的值一定小于有数据的单元格中的值。

通过对行和列同时加权，C1 单元格中的数值就是第 1 大的数值；B4 单元格中的数值就是第 5 大的数值；A2 单元格中的数值就是第 9 大的数值。函数 COLUMN(A1:C1)*4-3 的结果是 {1,5,9}，如果数据的列数不是很多，则直接写成 {1,5,9} 也可以，总共有多少个数值，就是列数有多少，然后乘以行数，再减去比行数小 1 的那个数，接着通过 MOD 函数除以 10000 取余数，得到单元格本身的值，最后用 SUM 函数求和。

4.5 高级函数综合案例

案例 238　把月份数转为"#年#月"的格式

案例及公式如下图所示。这里要把 A 列中的月份数转为"#年#月"的格式。

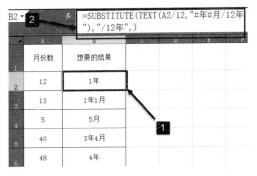

公式

SUBSTITUTE(TEXT(A2/12,"#年#月/12 年"),"/12 年",)

公式解释

TEXT 函数有两个参数：第 1 参数为要处理的字符；第 2 参数为要显示的格式。

在上面的公式中：

第 1 参数（A2）除以 12，得出的结果的整数部分就是年的数值，小数部分就是月的数值。

第 2 参数为"#年#月/12 年"，其中一定要用#作为占位符，不能用 0 作为占位符。用 0 作为占位符会出现 0 年、0 月的情况。在"#年#月/12 年"中，年是除以 12 的整数部分，月是第 1 参数除以 12 的小数部分。在"#年#月/12 年"中为什么不是直接除以 12，而是除以 12 年？这是因为当结果没有小数时，就会显示 1 月，不会显示 1。

最后用替换函数 SUBSTIUTE 把"/12 年"替换成空值。

案例239　提取单元格中的数字再相乘

案例及公式如下图所示。这里要提取 A 列单元格中的数字再相乘。

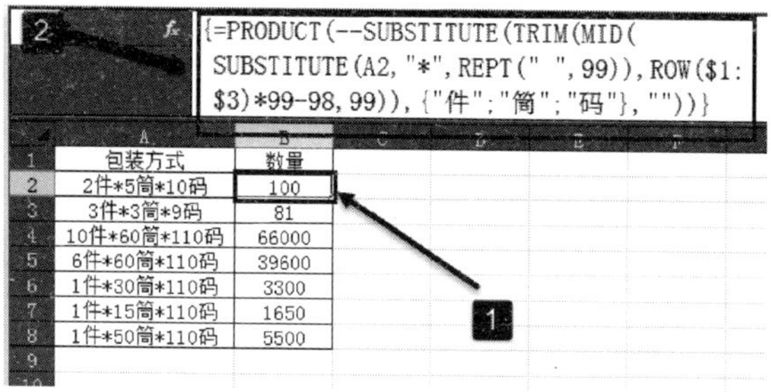

公式

=PRODUCT(--SUBSTITUTE(TRIM(MID(SUBSTITUTE(A2,"*",REPT(" ",99)),ROW($1:$3)*99-98, 99)),{"件";"筒";"码"},""))

公式解释

REPT(" ",99)：生成 99 个空格。

SUBSTITUTE(A2,"*",REPT(" ",99))：把每个*号替换成空格。

TRIM(MID(SUBSTITUTE(A2,"*",REPT(" ",99)),ROW($1:$3)*99-98,99))：使用拉大距离法，根据*号将 A2 单元格中的文本拆分成 3 部分。

用 SUBSTITUTE 函数把 3 个汉字{"件";"筒";"码"}替换成空，这是数组用法。

为什么要在 SUBSTITUTE 函数前面加"--"呢？因为使用 SUBSTITUTE 函数得到的是文本型数据，所以这里通过减负运算将其转换为数值型数据，最后通过 PRODUCT 函数把 3 个数值相乘。

案例240　使用SUBSTITUTE函数根据身份证号计算年龄是几岁几个月

案例及公式如下图所示。这里要根据 A 列单元格中的身份证号计算出年龄是几岁几个月。

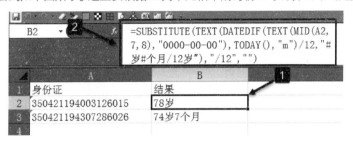

公式

=SUBSTITUTE(TEXT(DATEDIF(TEXT(MID(A2,7,8),"0000-00-00"),TODAY(),"m")/12,"#岁#个月/ 12 岁"),"/12","")

公式解释

TEXT(MID(A2,7,8),"0000-00-00")：从身份证号（A2 单元格）中提取出生日期。

DATEDIF(TEXT(MID(A2,7,8),"0000-00-00"),TODAY(),"m")/12：计算从出生到今天有多少个月，再除以 12，得到年龄。

TEXT(DATEDIF(TEXT(MID(A2,7,8),"0000-00-00"),TODAY(),"m")/12,"#岁#个月/12 岁")：其作用相当于取余函数 MOD。

最后用 SUBSTITUTE 函数把"/12"替换。

另一种解法

公式如下图所示。

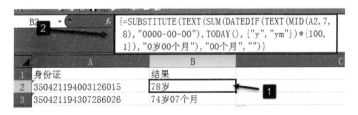

公式

=SUBSTITUTE(TEXT(SUM(DATEDIF(TEXT(MID(A2,7,8),"0000-00-00"),TODAY(),{"y","ym"})*{100,1}),"0 岁 00 个月"),"00 个月","")

公式解释

DATEDIF 函数的第 3 参数用了数组，y 用于计算两个日期相差的年数（y 是英文单词 year 的第一个英文字母），ym 年份不参与计算，这里计算两日期相差的月份，如果月份数不足才会借一年。

这里的*{100,1}是为了加权，把年和月分开，然后用 TEXT 函数显示结果。

SUBSTITUTE 函数用于防止出现 00 个月，所以把它替换成空值。

案例 241　VLOOKUP 函数的第 1 参数为数组的用法

案例及公式如下图所示。这里要计算 A 列中的产品的总金额。

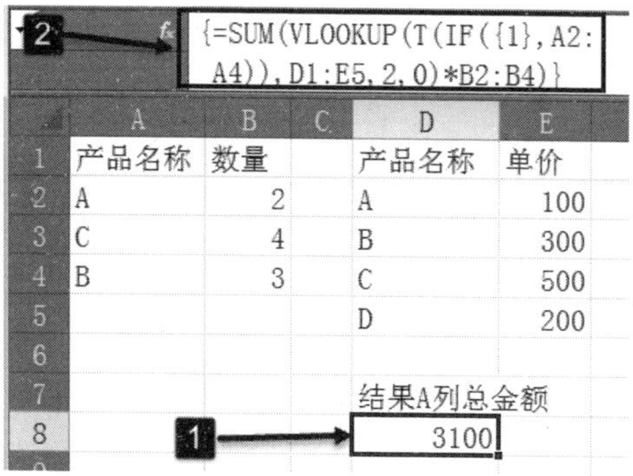

公式

=SUM(VLOOKUP(T(IF({1},A2:A4)),D1:E5,2,0)*B2:B4)

公式解释

如果用 VLOOKUP 函数直接引用单元格区域 A2:A4，则不能返回正确的结果。

这里用 IF({1},单元格区域)公式构建了多维数组，然后用 T 函数降维，即转换为一维的内存数组。

在实际中还有其他的解法，例如使用数组公式=SUM(SUMIF(D1:D5,A2:A4,E1)*B2:B4)。

案例 242　使用 VLOOKUP 函数实现一对多查询

案例及公式如下图所示。这里根据姓名查询对应的性别和数量并分行显示。

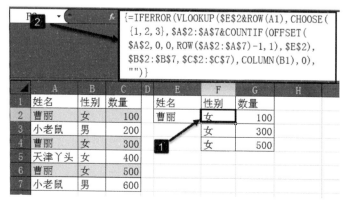

公式

=IFERROR(VLOOKUP($E$2&ROW(A1),CHOOSE({1,2,3},$A$2:$A$7&COUNTIF(OFFSET($A$2,0,0,ROW($A$2:$A$7)-1,1),$E$2),$B$2:$B$7,$C$2:$C$7),COLUMN(B1),0),"")

公式解释

CHOOSE({1,2,3},$A$2:$A$7&COUNTIF(OFFSET($A$2,0,0,ROW($A$2:$A$7)-1,1),$E$2),$B$2:$B$7,$C$2:$C$7)：OFFSET 函数的第 4 参数用了数组（$A$2:$A$7），也就是行高从 1 开始计算，接着行高依次为 2、3、4。而且这里的 OFFSET 函数返回的是单元格区域，也只有单元格区域才能作为 COUNTIF 函数的第 1 参数。将 COUNTIF 函数返回的结果和 A2:A7 单元格区域中的姓名连接，这样相当于没有重复的姓名。再用 CHOOSE 函数重新构建数据源，将 A 列的姓名加编号放在第 1 列（即 E 列），将 B 列的性别放在第 2 列（即 F 列），将 C 列的数量放在第 3 列（即 G 列），这样 VLOOKUP 函数的第 2 参数即首列查找条件就构建好了。

为什么 VLOOKUP 函数后面还要连接一个 ROW(A1)？因为数据源中的姓名也被编号了。VLOOKUP 函数的第 3 参数为 COLUMN(B1)，将其向右填充会产生 2，3。

最后用 IFERROR 函数屏蔽错误值。

案例 243　使用 MATCH 和 MID 函数找到单元格中第一个出现的数字

案例及公式如下图所示。这里要找到 A 列单元格中第一个出现的数字。

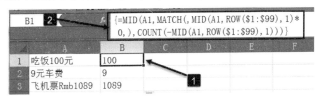

公式

=MID(A1,MATCH(,MID(A1,ROW($1:$99),1)*0,),COUNT(-MID(A1,ROW($1:$99),1)))

公式解释

MATCH(,MID(A1,ROW($1:$99),1)*0,)：找到第一个数字出现的位置。这里用 MID 函数把 A1 单元格中的每个数字提取出来并且乘以 0，也就是让所有的数字变成 0，然后用 MATCH 函数找到第一个 0 出现的位置。

COUNT(-MID(A1,ROW($1:$99),1)*0)：统计数字的个数。这里用 MID 函数把 A1 单元格中的每一个字符进行分隔，然后在 MID 函数前加一个负号。由于 MID 函数提取出来的是文本，在前面加一个负号就变成了数值型数字，再用 COUNT 函数统计数值型数字的个数就得到数字的个数。

案例 244　如何给 LOOKUP 函数构建参数

案例及公式如下图所示。这里要将 A 列中的岗位进行分类。

这里要为各个岗位进行备注，让“搬运工”显示为“搬运工”，“叉车司机”显示为“叉车司机”，“清洁工”“厨师”“帮厨”“电工”“保安”“门卫”“食堂”都显示为“后勤”。

	A	B
1	岗位	备注
2	搬运工	搬运工
3	搬运工	搬运工
4	叉车司机	叉车司机
5	叉车司机	叉车司机
6	清洁工	后勤
7	厨师	后勤
8	帮厨	后勤
9	电工	后勤
10	保安	后勤
11	保安	后勤
12	门卫	后勤
13	食堂	后勤

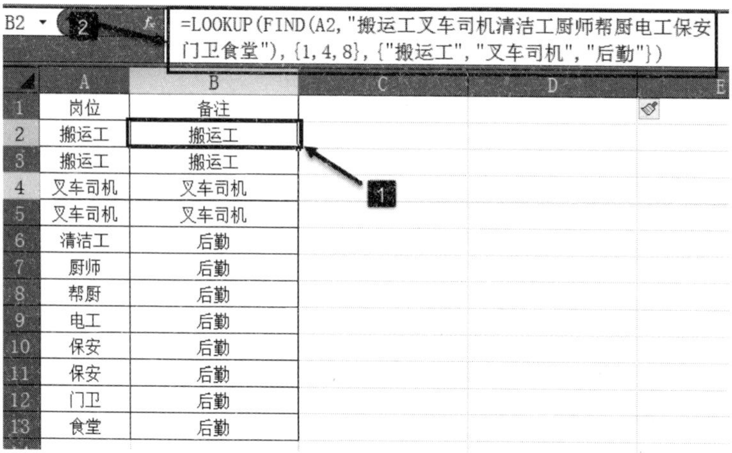

公式

=LOOKUP(FIND(A2,"搬运工叉车司机清洁工厨师帮厨电工保安门卫食堂"),{1,4,8},{"搬运工","叉车司机","后勤"})

公式解释

这个公式的巧妙之处在于 FIND 函数的第 2 参数的构建，即把所有岗位写在一起，便可以找到相应岗位所在的位置并作为 LOOKUP 函数的查找值。

LOOKUP 函数的第 2 参数是{1,4,8}，“搬运工”在第 1 个位置，“叉车司机”在第 4 个位置，其他职位都在第 8 个位置，或者第 8 个位置以后，且{1,4,8}是升序排序，也符合 LOOKUP 函数的用法，即先找相等的数值，如果没有相等的数值就找比查找值小的数值，在这些小的数值中找最大的数值的位置，结果返回第 3 参数相应的位置。

LOOKUP 函数的第 3 参数为{"搬运工","叉车司机","后勤"}，如果第 2 参数返回第 1 个位置，结果就返回“搬运工”，如果第 2 参数返回第 4 个位置，结果就返回“叉车司机”，如果第 2 参数返回第 8 个位置和第 8 个位置以后的位置，结果就全部返回“后勤”。

案例 245　把小括号里的数字相加

案例及公式如下图所示。这里要把 A 列单元格中小括号里的数字相加。

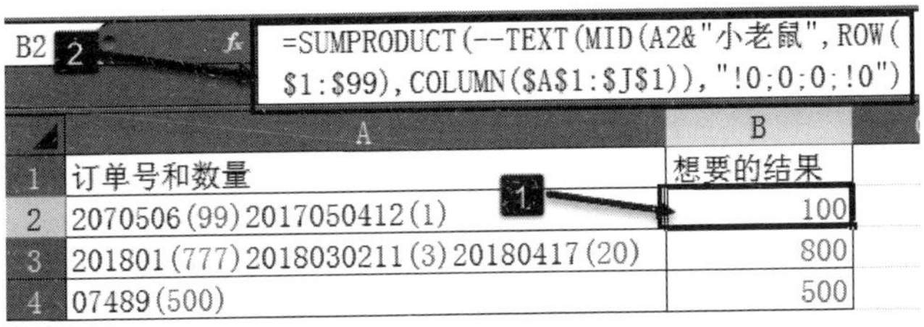

```
=SUMPRODUCT(--TEXT(MID(A2&"小老鼠",ROW(
$1:$99),COLUMN($A$1:$J$1)),"!0;0;0;!0")
```

	A	B
1	订单号和数量	想要的结果
2	2070506(99)2017050412(1)	100
3	201801(777)2018030211(3)20180417(20)	800
4	07489(500)	500

公式

=SUMPRODUCT(--TEXT(MID(A2&" 小 老 鼠 ",ROW($1:$99),COLUMN($A$1:$J$1)), "!0;0;0;!0")

公式解释

MID(A2&"小老鼠",ROW($1:$99),COLUMN($A$1:$J$1))：这里为什么要在 A2 后面连接"小老鼠"？"小老鼠"只是一个示例，A2 后面连接任意字符都可以，目的就是不能以一对小括号结尾。接着用 MID 函数从第 1 个位置开始提取字符：1 个字符、2 个字符、3 个字符……10 个字符；然后从第 2 个位置开始提取字符：1 个字符、2 个字符、3 个字符……10 个字符。学习函数一定要学会数组用法，这里的 MID 函数的第 2 参数和第 3 参数都用了数组。

用 MID 函数把数组分隔之后，再用 TEXT 函数处理。关键是 TEXT 函数的第 2 参数为"!0;0;0;!0"，这是什么意思呢？第 2 参数分为 4 节，第 1 节为正数，强制显示 0，第 2 节为负数。有的读者会问，使用 MID 函数提取时没有见到有负数，这就是本题的经典之处，刚好小括号里的数字就是负数，因为这里在 TEXT 函数的第 2 参数的第 2 节中把负号省略了，当然就显示正数了。

案例 246　提取多段数字并放在多个单元格中

案例及公式如下图所示。这里要提取 A 列中的多段数字并分别放在 B~D 列单元格中。

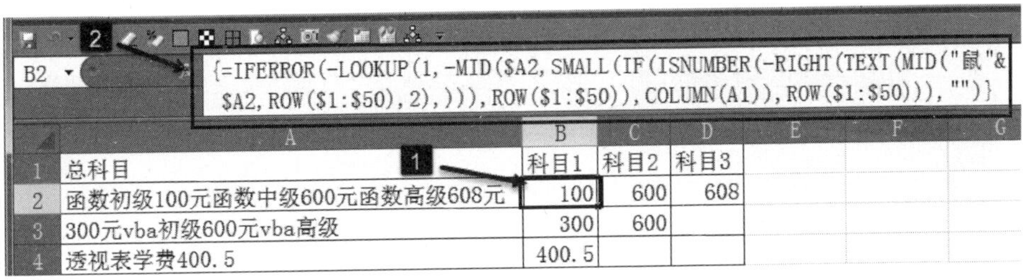

```
{=IFERROR(-LOOKUP(1,-MID($A2,SMALL(IF(ISNUMBER(-RIGHT(TEXT(MID("鼠"&
$A2,ROW($1:$50),2),))),ROW($1:$50)),COLUMN(A1)),ROW($1:$50))),"")}
```

	A	B	C	D
1	总科目	科目1	科目2	科目3
2	函数初级100元函数中级600元函数高级608元	100	600	608
3	300元vba初级600元vba高级	300	600	
4	透视表学费400.5	400.5		

公式

=IFERROR(-LOOKUP(1,-MID($A2,SMALL(IF(ISNUMBER(-RIGHT(TEXT(MID("鼠"&$A2,ROW ($1:$50),2),))),ROW($1:$50)),COLUMN(A1)),ROW($1:$50))),"")

公式解释

MID("鼠"&$A2,ROW($1:$50),2)：用 MID 函数从第 1 个位置提取两个字符；从第 2 个位置提取两个字符；……；从第 50 个位置提取两个字符。为什么还要在 A2 前面连接一个"鼠"字？目的是将一个文字和一个数字紧挨在一起，便于我们找到每一段数字第一个数字出现的位置。

TEXT(MID("鼠"&$A2,ROW($1:$50),2),)：这里的 TEXT 函数的第 2 参数简写为一个逗号，完整的第 2 参数应该是";;;@"，也就是正数、负数和零也不显示，只显示文本。

IF(ISNUMBER(-RIGHT(TEXT(MID("鼠"&$A2,ROW($1:$50),2),))),ROW($1:$50))：从第 1 个位置开始，一直到第 50 个位置，每次提取两个字符。通过 TEXT 函数把数字全部屏蔽为""，然后两个两个地提取。

-MID($A2,SMALL(IF(ISNUMBER(-RIGHT(TEXT(MID("鼠"&$A2,ROW($1:$50),2),))),ROW($1:$50)),COLUMN(A1)),ROW($1:$50))：它作为 LOOKUP 函数的第 2 参数，将 SMALL 函数向右填充，找到每一段数字第一个数字出现的位置，作为最外层的 MID 函数的第 2 参数；第 3 参数用了数组 ROW(1:50)，一直从这个数字开始提取字符，直到第一个非汉字出现，而最大的那个文本型数字就是我们要的结果。最后根据 LOOKUP 函数这个特点，如果查找值比第 2 参数最大值还要大，就返回最后一个数值，所以 LOOKUP 函数的第 1 参数用了 1，而 LOOKUP 函数的第 2 参数全是负数和 0，因为在最外层的 MID 函数前加了一个负号，LOOKUP 函数得到的还是一个负数，所以外面还要加一个负号，负负得正。

案例 247　将文字和数字分开

案例及公式如下图所示。这里要将 A 列单元格中的名称和数量分别放在 B 列至 G 列单元格中。

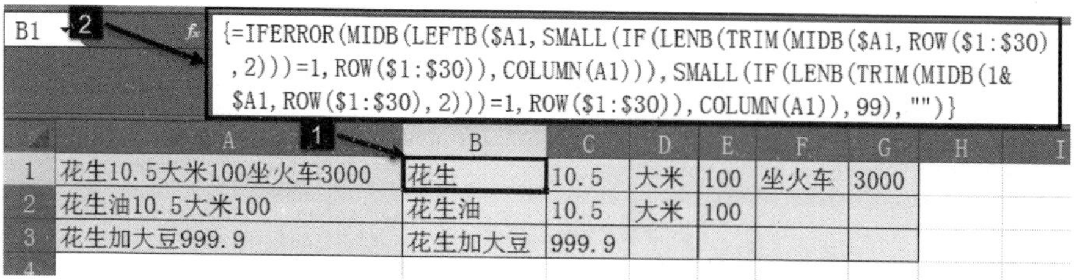

公式

=IFERROR(MIDB(LEFTB($A1,SMALL(IF(LENB(TRIM(MIDB($A1,ROW($1:$30),2)))=1,ROW($1:$30)),COLUMN(A1))),SMALL(IF(LENB(TRIM(MIDB(1&$A1,ROW($1:$30),2)))=1,ROW($1:$30)),COLUMN(A1)),99),"")

公式解释

LEFTB($A1,SMALL(IF(LENB(TRIM(MIDB($A1,ROW($1:$30),2)))=1,ROW($1:$30)),COLUMN(A1)))：这个公式利用了数字和汉字，或者汉字与数字的分隔点的位置来提取字符。由于数字算单字节，汉字算双字节，当在分隔点处用 MIDB 函数提取两个字节时，只提取到一个数字，另半边汉字提取不出来，只能提取出来一个空格，也就是说我们不能把一个汉字分开两半来提取。然后用 TRIM 函数去掉空格之后剩下的就是一个数字，用 LEN 函数统计它的长度就是 1。再用 IF 函数判断，如果它的长度等于 1，就显示它的位置，分别得到每一个数字与汉字，或者汉字与数字的分隔点。向右填充公式，用 SMALL 函数分别得到每个分隔点的位置作为 LEFTB 函数的第 2 参数，经过处理之后，先找到第 1 组 "花生"，向右填充公式，得到 "花生 10.5"，再向右填充公式，得到 "花生 10.5 大米"。依此类推，将得到这些结果作为最外层的 MIDB 函数的第 1 参数。

最外层的 MIDB 函数的第 2 参数设置得很巧妙，在 A1 前面连接一个 1，这样就是从第 1 个位置开始提取，向右填充公式时就要找到第 2 个汉字与数字的分隔点，也就是 SMALL(IF(LENB(TRIM(MIDB($A1,ROW($1:$30),2)))=1,ROW($1:$30)),COLUMN(A1))，在 A1 单元格前面连接一个 1，得到 SMALL(IF(LENB(TRIM(MIDB(1&$A1,ROW ($1:$30),2)))=1,ROW ($1:$30)),COLUMN(A1))。

案例 248　提取多段数字且求和

案例及公式如下图所示。这里要提取 A 列单元格中的数字并求和。

公式

=SUM(TEXT(LEFT(TEXT(MID(A1&" 鼠 ",ROW($1:$25),COLUMN($B:$Y)),),COLUMN($A:$X)), "G/通用格式;-0;0;!0")*(NOT(ISNUMBER(-MID("鼠"&A1,ROW($1:$25),2)))))

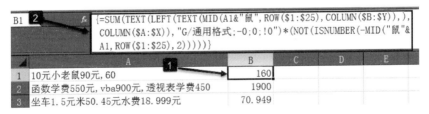

公式解释

TEXT(MID(A1&"鼠",ROW($1:$25),COLUMN($B:$Y)),)：这里的 MID 函数的第 2 参数和第 3 参数都用了数组，相当于先循环第 2 参数，从 1 开始，然后循环第 3 参数，从 2 开始，最后用 TEXT 函数将文本型数字屏蔽。

后面为什么还要连接一个 "鼠" 字？为了防止以数字结尾。

TEXT(LEFT(TEXT(MID(A1&"鼠",ROW($1:$25),COLUMN($B:$Y)),),COLUMN($A:$X)),"G/通用格式;-0;0;!0")：用 MID 函数将字符分隔之后再用 LEFT 函数从左边提取，目的是把要提取的数字提取出来，然后用 TEXT 函数强制把文本替换成 0，而正数将以 G/通用格式显示。

(NOT(ISNUMBER(-MID("鼠"&A1,ROW($1:$25),2))))：它的作用就是要把汉字和数字保留。

第 5 章

Excel 常用技巧：提高数据处理效率

5.1 第 1 个技巧：批量填充

操作方法

选中要填充的单元格区域，然后在编辑栏中输入内容，按快捷键 Ctrl+Enter，即可实现批量填充。

▶ 本技巧视频文件：05/第 1 个技巧：批量填充

5.2 第 2 个技巧：批量填充上一个单元格中的内容

操作方法

案例如左下图所示。这里要将 A1、A4、A8 单元格中的内容向下填充。

步骤 1：选中单元格区域 A1:A11，按快捷键 F5（在笔记本电脑中按快捷键 Fn+F5），如左下图所示。

步骤 2：打开"定位"对话框，在对话框中单击"定位条件"按钮，如左下图所示。

步骤 3：在弹出的对话框中选择"空值"单选框，单击两次"确定"按钮，如左下图所示。

步骤 4：在编辑栏里输入"="，再单击 A1 单元格，按快捷键 Ctrl+Enter，结果如右下图所示。

📽 本技巧视频文件：05/第 2 个技巧：批量填充上一个单元格中的内容

5.3 第 3 个技巧：把不规范的日期转为规范的日期

下面将左下图中的不规范的日期转换成右下图中的规范的日期。

操作方法

步骤 1：选中 A 列，选择"数据"选项卡中的"分列"命令，如左下图所示。

步骤 2：弹出如右下图所示的对话框，一直单击"下一步"按钮直到第 2 步。

第 5 章　Excel 常用技巧：提高数据处理效率

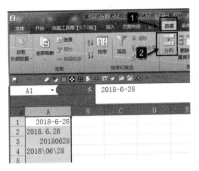 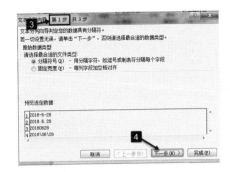

步骤 3：在第 2 步对话框中选择"日期"单选框，然后单击"确定"按钮，如右下图所示。

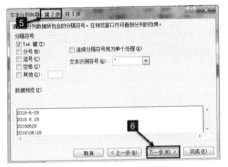 

▶ 本技巧视频文件：05/第 3 个技巧：把不规范的日期转为规范的日期

5.4　第 4 个技巧：自动为单元格添加边框

操作方法

步骤 1：选中要设置的单元格区域，再选择"开始"选项卡中的"条件格式"－"新建规则"命令，如下图所示。

193

步骤 2：在弹出的对话框中选择"只为包含以下内容的单元格设置格式"选项，在"只为满足以下条件的单元格设置格式"选项中选择"无空值"选项，再单击"格式"按钮，如下图所示。

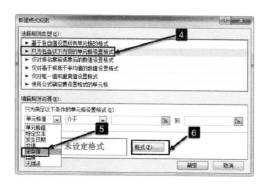

步骤 3：在弹出的对话框中选择"边框"选项卡，再选择"无边框"选项，单击"确定"按钮，如下图所示。

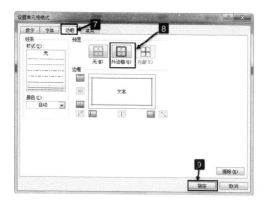

▶ 本技巧视频文件：05/第 4 个技巧：自动为单元格添加边框

5.5 第 5 个技巧：使单元格中的内容自动适合列宽

操作方法

选中要设置的列，把鼠标光标移到其中任意两列之间，当鼠标光标变成左右方向的箭头时，双击即可使单元格中的内容自动适合列宽。

▶ 本技巧视频文件：05/第 5 个技巧：使单元格中的内容自动适合列宽

5.6 第 6 个技巧：批量快速定义单元格区域名称

操作方法

步骤 1：选中要设置的单元格区域（在此案例中选择 A1:C4 单元格区域），再选择"公式"选项卡中的"根据所选内容创建"选项，如下图所示。

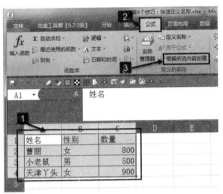

步骤 2：弹出如下图所示的对话框，勾选"首行"和"最左列"复选框，单击"确定"按钮，如下图所示。此时单元格中的 6 个名称一下子就创建好了，分别为姓名、性别、数量、曹丽、小老鼠、天津丫头。

▶ 本技巧视频文件：05/第 6 个技巧：批量快速定义单元格区域名称

5.7 第 7 个技巧：Tab 键的妙用

操作方法

选中要输入数据的单元格区域，如 A2:C4，输入"姓名"后按 Tab 键，接着输入"性别"后按 Tab 键，然后输入"数量"后按 Tab 键。这样操作的好处是：鼠标光标会自动跳到 A3 单元格，不会跳到 C3 单元格。

▶ 本技巧视频文件：05/第 7 个技巧：Tab 键的妙用

5.8 第 8 个技巧：设置文档自动保存时间

操作方法

选择"文件"选项卡中的"选项"命令，如左下图所示。在打开的对话框中选择"保存"选项卡，然后勾选"保存自动恢复信息时间间隔"复选框（时间一般设置为 5~10 分钟），单击"确定"按钮，如右下图所示。

 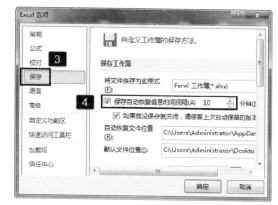

本技巧视频文件：05/第 8 个技巧：设置文档自动保存时间

5.9 第 9 个技巧：从身份证号码中提取出生日期

操作方法

步骤 1：这里要从 B 列的身份证号中提取出生日期，如下图所示。选中 B 列，选择"数据"选项卡中的"分列"选项。

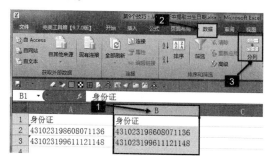

步骤 2：弹出如左下图所示的对话框。在其中选择"固定宽度"单选框，然后单击"下一步"按钮。接着在身份证号的第 6 个数字、第 14 个数字处各单击一下，也就是用分隔

第 5 章 Excel 常用技巧：提高数据处理效率

线把出生日期进行分隔。

步骤 3：如果分隔位置不对，则可以双击分隔线重新选择，然后单击"下一步"按钮，如右下图所示。

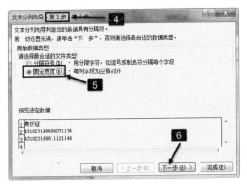 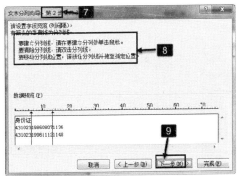

步骤 4：现在身份证号码被分成 3 列，选中第 1 列，选择"不导入此列（跳过）"单选框。

选择第 2 列，选择"日期"单选框，将格式设置为"YMD"，如下图所示。

选择第 3 列，选择"不导入此列（跳过）"单选框，最后单击"完成"按钮，如下图所示。

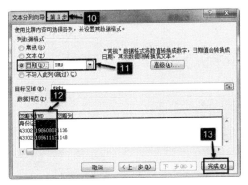

本技巧视频文件：05/第 9 个技巧：从身份证号码中提取出生日期

5.10 第 10 个技巧：制作斜线表头

操作方法

步骤 1：这里要为 A1 单元格制作斜线表头。在 A1 单元格中输入文字"月份"和"姓名"，将鼠标光标定位到"月份"和"姓名"的中间。按快捷键 Alt+Enter 强制换行，然后将第 1 行的列宽调宽一点。

步骤 2：再次选择 A1 单元格，单击鼠标右键，在弹出的快捷菜单中选择"设置单元格格式"命令，如左下图所示。

在弹出的对话框中选择"边框"选项卡，再选择线条样式，单击"确定"按钮，如右下图所示。

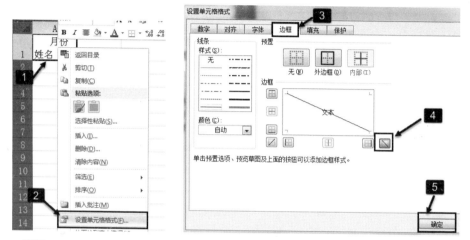

本技巧视频文件：05/第 10 个技巧：制作斜线表头

5.11 第 11 个技巧：计算文本表达式

操作方法

步骤 1：案例如左下图所示，这里要根据 A1 单元格中的数据计算体积。

步骤 2：选中 B2 单元格。按快捷键 Ctrl+F3，打开"名称"对话框，如右下图所示。

 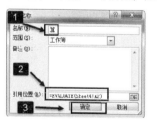

步骤 3：这里新建一个名称。在"名称"文本框处输入文字"算"，在"引用位置"文本框中输入公式"=EVALUATE(Sheet4!A2)"，单击"确定"按钮。

步骤 4：然后在单元格 B2 中输入"=算"，最后向下填充公式，如左下图所示。另外一定要注意，因为 EVALUATE 是宏表函数，所以从 Excel 2007 版本开始，一定要定义名称才能用，在保存时一定保存为启用宏的工作簿类型，如右下图所示。

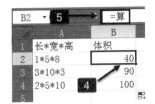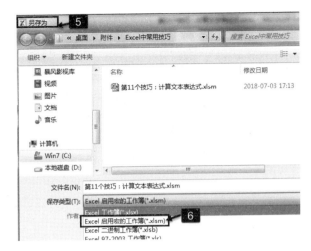

📹 本技巧视频文件：05/第 11 个技巧：计算文本表达式

5.12 第 12 个技巧：冻结单元格

要冻结 n 行 n 列单元格，就要把鼠标光标定位到第 $n+1$ 行和第 $n+1$ 列交叉的那个单元格中，例如要冻结 2 行 3 列的单元格，就要将鼠标光标定位到第 3 行（第 2 行的下一行）与第 4 列（第 3 列的下一列）交叉的那个单元格中，也就是 D3 单元格，然后再执行冻结单元格操作。

操作方法

步骤 1：选中 D3 单元格，再选择"视图"选项卡中的"冻结拆分窗格"选项，如下图所示。

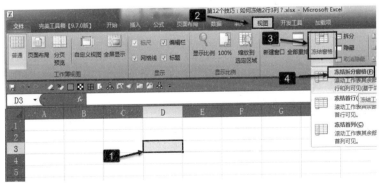

步骤 2：如果要取消冻结单元格，则可以选择"视图"选项卡中的"取消冻结窗格"选项，如下图所示。

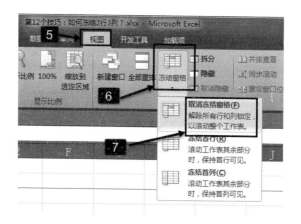

▶ 本技巧视频文件：05/第 12 个技巧：冻结单元格

5.13 第 13 个技巧：标示单元格中的重复值

操作方法

这里要标示出 G1:G5 单元格区域中的重复值。先选中单元格区域 G1:G5，再选择"开始"选项卡中"条件格式"的"突出显示单元格规则"命令，在弹出的菜单中选择"重复值"选项，如左下图所示。结果如右下图所示。

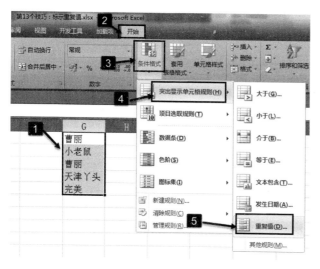

▶ 本技巧视频文件：05/第 13 个技巧：标示单元格中的重复值

5.14 第 14 个技巧：给工作簿加密

操作方法

步骤 1：在打开的工作簿中按快捷键 F12，打开"另存为"对话框。

步骤 2：单击"工具"按钮，在弹出的下拉菜单中选择"常规选项"选项，如左下图所示。

步骤 3：弹出"常规选项"对话框，在"打开权限密码"文本框中输入密码"123"，单击"确定"按钮，如右下图所示。

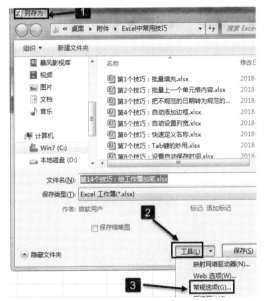
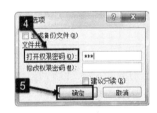

步骤 4：在弹出的对话框中的"重新输入密码"文本框中再次输入密码"123"，单击"确定"按钮，如左下图所示。然后单击"保存"按钮，如右下图所示。

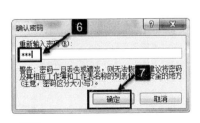

本技巧视频文件：05/第 14 个技巧：给工作簿加密

5.15 第 15 个技巧：使用快捷键 Ctrl+\快速对比两列数据

操作方法

步骤 1：这里要对比 A 列和 B 列中的数据是否一致，如左下图所示。

步骤 2：选中单元格区域 A2:B5。按快捷键 Ctrl+\。然后选择“开始”选项卡中“字体”组的“填充颜色”选项，在弹出的列表中选择黄色。

步骤 3：结果单元格 B2 和 B5 被填充为黄色了，如右下图所示。这是因为 B2 和 A2 单元格中的值不同，B5 和 A5 单元格中的值也不同。

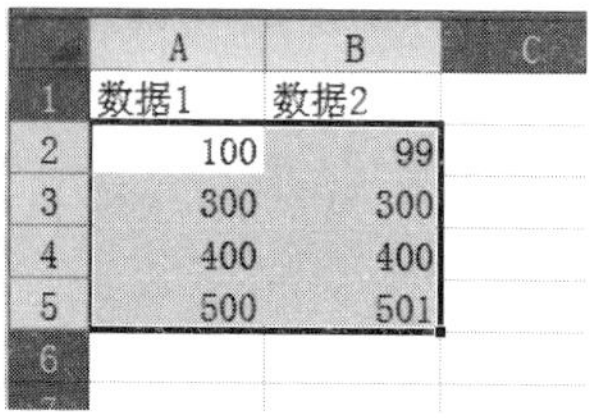

	A	B	C
1	数据1	数据2	
2	100	99	
3	300	300	
4	400	400	
5	500	501	
6			

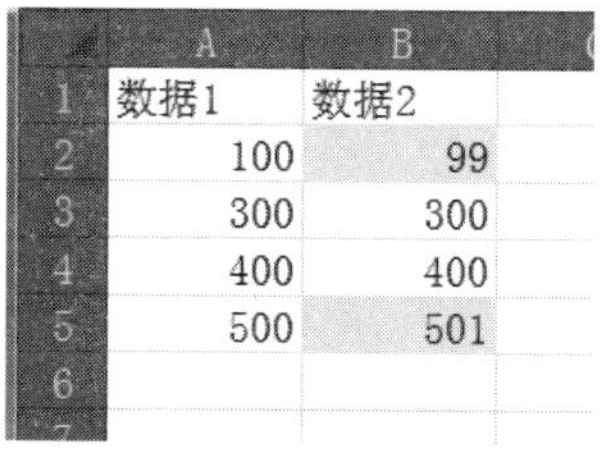

	A	B
1	数据1	数据2
2	100	99
3	300	300
4	400	400
5	500	501
6		

本技巧视频文件：05/第 15 个技巧：使用快捷键 Ctrl+\快速对比两列数据

5.16 第 16 个技巧：使用快捷键 Alt+=求和

操作方法

步骤 1：这里求每个人在第 1 季度的销量和，如左下图所示，选中单元格区域 B2:E5。

步骤 2：按快捷键 Alt+=，可以看到结果如右下图所示。

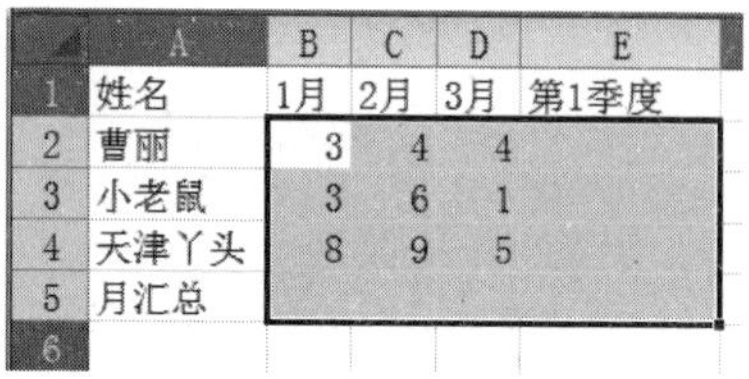

	A	B	C	D	E
1	姓名	1月	2月	3月	第1季度
2	曹丽	3	4	4	
3	小老鼠	3	6	1	
4	天津丫头	8	9	5	
5	月汇总				
6					

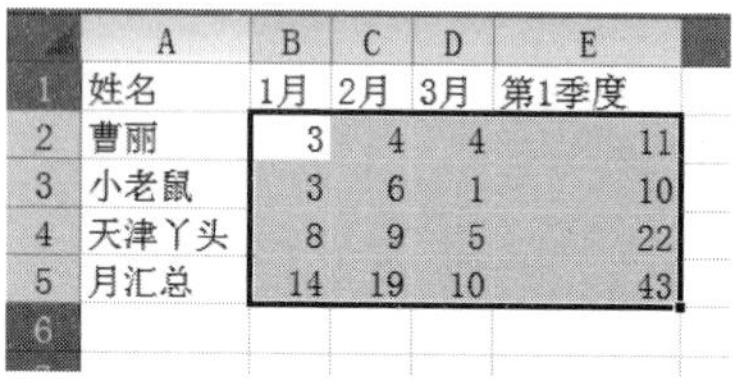

	A	B	C	D	E
1	姓名	1月	2月	3月	第1季度
2	曹丽	3	4	4	11
3	小老鼠	3	6	1	10
4	天津丫头	8	9	5	22
5	月汇总	14	19	10	43
6					

本技巧视频文件：05/第 16 个技巧：使用快捷键 Alt+=求和

5.17 第 17 个技巧：快速合并单元格中的内容

操作方法

步骤 1：这里要合并 A 列中的值，如下图所示。把 A 列单元格的列宽拉宽（可以容纳要合并的单元格中的内容）。选中 A 列，选择"开始"选项卡中的"填充"选项，在打开的下拉菜单中选择"两端对齐"选项，如下图所示。

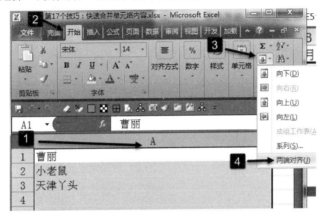

步骤 2：结果如下图所示，此时 A 列单元格中的内容被合并了。

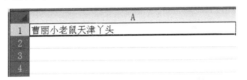

本技巧视频文件：05/第 17 个技巧：快速合并单元格中的内容

5.18 第 18 个技巧：隔列复制数据

操作方法

步骤 1：这里要复制 B 列和 D 列中的数据，如下图所示。选中 G 列，单击鼠标右键，在弹出的快捷菜单中选择"插入列"命令。

步骤 2：选中单元格区域 F2:H4，单击鼠标右键，在弹出的快捷菜单中选择“复制”命令，如左下图所示。

步骤 3：选择 B2 单元格，单击鼠标右键，在弹出的快捷菜单中选择“选择性粘贴”命令。在打开的对话框中勾选“跳过空单元”复选框，然后单击“确定”按钮，如右下图所示。

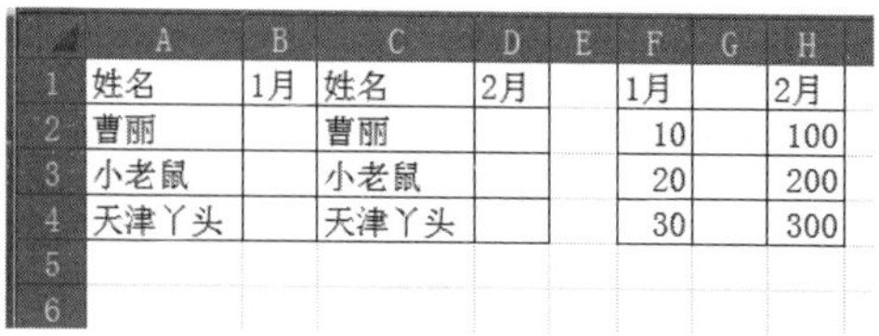

	A	B	C	D	E	F	G	H
1	姓名	1月	姓名	2月		1月		2月
2	曹丽		曹丽			10		100
3	小老鼠		小老鼠			20		200
4	天津丫头		天津丫头			30		300
5								
6								

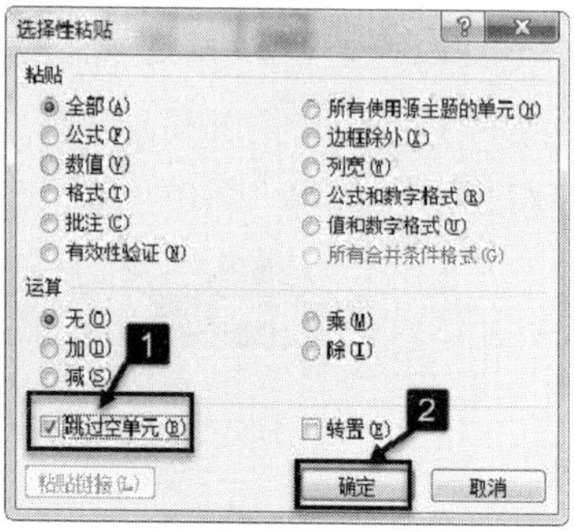

步骤 4：结果如下图所示。

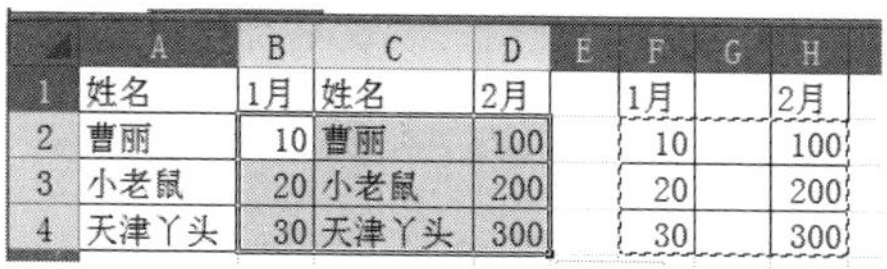

	A	B	C	D	E	F	G	H
1	姓名	1月	姓名	2月		1月		2月
2	曹丽	10	曹丽	100		10		100
3	小老鼠	20	小老鼠	200		20		200
4	天津丫头	30	天津丫头	300		30		300

本技巧视频文件：05/第 18 个技巧：隔列复制数据

5.19 第 19 个技巧：输入当前的日期和时间

操作方法

选中一个单元格，按快捷键 Ctrl+;，即可输入当前的日期；按快捷键 Ctrl+Shift+;，即可输入当前的时间。

本技巧视频文件：05/第 19 个技巧：输入当前的日期和时间

5.20 第 20 个技巧：数值和日期之间的转换

操作方法

选中要设置的单元格区域，按快捷键 Ctrl+ShIFt+~，可以把日期转换为数值；按快捷键 Ctrl+ShIFt+#，可以把数值转换为日期。

本技巧视频文件：05/第 20 个技巧：数值和日期之间的转换

5.21　第 21 个技巧：妙用快捷键 F4 隔行插入空行

操作方法

步骤 1：这里要在单元格区域中隔行插入空行，如下图所示。选中第 2 行，在其上面插入一行空行。再选中第 4 行，按快捷键 F4 即可在第 4 行上面插入一行空行。

步骤 2：依次选中剩下的行，按快捷键 F4，效果如下图所示。

	A	B	C	D	E	F
1	1	1	1	1	1	1
2	2	2	2	2	2	2
3	3	3	3	3	3	3
4	4	4	4	4	4	4
5	5	5	5	5	5	5
6	6	6	6	6	6	6
7	7	7	7	7	7	7
8						

	A	B	C	D	E	F
1	1	1	1	1	1	1
2						
3	2	2	2	2	2	2
4						
5	3	3	3	3	3	3
6						
7	4	4	4	4	4	4
8						
9	5	5	5	5	5	5
10						
11	6	6	6	6	6	6
12						
13	7	7	7	7	7	7

本技巧视频文件：05/第 21 个技巧：妙用快捷键 F4 隔行插入空行

5.22　第 22 个技巧：使用快捷键 F4 切换单元格引用方式

操作方法

在编辑栏中输入等号“=”，选择单元格区域 A1:C4，按快捷键 F4（可以多按几次），你会发现单元格的引用方式在绝对引用（$A$1:$C$4）、绝对行引用（A$1:C$4）、绝对列引用（$A1:$C4）和相对引用（A1:C4）之间进行切换。

本技巧视频文件：05/第 22 个技巧：使用快捷键 F4 切换单元格引用方式

5.23 第23个技巧：输入1显示"男"；输入2显示"女"

操作方法

步骤1：本案例要实现的效果是输入1显示"男"，输入2显示"女"，如左下图所示。选中A列，单击鼠标右键，在弹出的快捷菜单中选择"设置单元格格式"选项。

步骤2：在打开的"设置单元格格式"对话框中，选择"数字"选项卡。接着选择"自定义"选项卡。在"类型"文本框中输入"[=1]"男";[=2]"女";;"，单击"确定"按钮，如右下图所示。

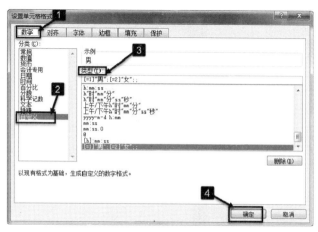

📽 本技巧视频文件：05/第23个技巧：输入1显示"男"；输入2显示"女"

5.24 第24个技巧：显示和隐藏Excel的功能区

操作方法

步骤1：要隐藏Excel的功能区，按快捷键Ctrl+F1即可，或者把鼠标光标对准任意一个选项卡，双击即可，如下图所示。

第 5 章　Excel 常用技巧：提高数据处理效率

步骤 2：再次双击即可显示 Excel 的功能区，如下图所示。

本技巧视频文件：05/第 24 个技巧：显示和隐藏 Excel 的功能区

5.25　第 25 个技巧：跨列居中优于合并单元格

操作方法

步骤 1：这里要将单元格中的数值跨列居中显示。在 A1 单元格中输入文字，如左下图所示。选中单元格区域 A1:F1，单击鼠标右键，在弹出的快捷菜单中选择"设置单元格格式"选项。

步骤 2：在打开的对话框中选择"对齐"选项卡，在"水平对齐"列表框中选择"跨列居中"选项，然后单击"确定"按钮，如右下图所示。

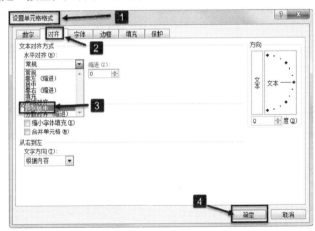

步骤 3：结果如下图所示。

本技巧视频文件：05/第 25 个技巧：跨列居中优于合并单元格

5.26 第 26 个技巧：如何输入以 0 开头的数字

操作方法

第 1 种方法：在英文输入状态下输入一个单引号，即可输入以 0 开头的数字。

第 2 种方法：选中要设置的单元格区域，单击鼠标右键，在弹出的快捷菜单中选择"设置单元格格式"命令。在弹出的对话框中选择"数字"选项卡，在"分类"列表框中选择"文本"选项，单击"确定"按钮，如下图所示。

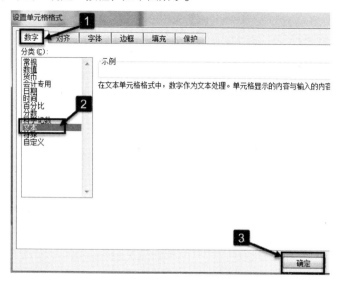

▶ 本技巧视频文件：05/第 26 个技巧：如何输入以 0 开头的数字

5.27 第 27 个技巧：通过自定义单元格格式快速录入数据

通过自定义单元格格式，可以快速录入数据。例如在 A 列中输入"曹老师"，单元格中会自动添加一个前缀"完美在线教育"。

操作方法

步骤 1：选中 A 列，单击鼠标右键，在弹出的快捷菜单中选择"设置单元格格式"命令。

步骤 2：在弹出的对话框中选择"数字"选项卡，在"分类"列表框中选择"自定义"选项，在"类型"文本框中输入"完美在线教育@"，单击"确定"按钮，如下图所示。

第 5 章　Excel 常用技巧：提高数据处理效率

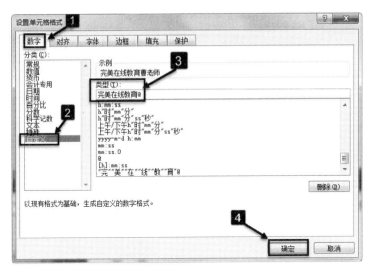

▶ 本技巧视频文件：05/第 27 个技巧：通过自定义单元格快速录入数据

5.28　第 28 个技巧：快速跳转到数据列的最后一个单元格

操作方法

选中 A 列中任意一个有数据的单元格。将鼠标光标移到此单元格的下边框，当鼠标光标变成 4 个方向的箭头时双击，就会跳转到 A 列中最后一个有数据的单元格中。当然前提条件是两个有数据的单元格中间不能有空单元格。

▶ 本技巧视频文件：05/第 28 个技巧：快速跳转到数据列的最后一个单元格

5.29　第 29 个技巧：让每一页工作表打印出来都有标题行

操作方法

步骤 1：选择"页面布局"选项卡中的"打印标题"命令。

步骤 2：在弹出的对话框中选择"工作表"选项卡，在"顶端标题行"文本框中选择第 1 行单元格。如果标题中有两行，就要选择第 1 行和第 2 行的标题，如下图所示。

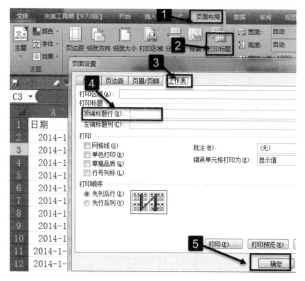

> 本技巧视频文件：05/第 29 个技巧：让每一页工作表打印出来都有标题行

5.30 第 30 个技巧：把"*"替换成"×"

操作方法

步骤 1：这里要把 A 列中的 "*" 替换成 "×"。选中单元格区域 A2:A4，如下图所示。

步骤 2：按快捷键 Ctrl+F。在打开的对话框中的"查找内容"文本框中输入"~*"（不能直接输入"*"），如左下图所示。在"替换为"文本框中输入"×"。这个"×"可以按快捷键 Alt+41409 输入，如右下图所示。

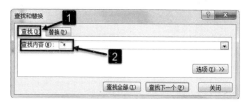 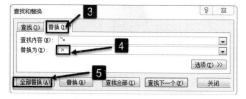

结果如下图所示。

第 5 章 Excel 常用技巧：提高数据处理效率

▶ 本技巧视频文件：05/第 30 个技巧：把"*"替换成"×"

5.31 第 31 个技巧：使用快捷键 Alt+↓快速弹出下拉菜单

操作方法

如下图所示，将鼠标光标定位到最后一个有数据的单元格的下一个单元格中（即 A5 单元格），然后按快捷键 Alt+↓，即可弹出下拉菜单。注意，这个功能只适合文本。

▶ 本技巧视频文件：05/第 31 个技巧：使用快捷键 Alt+↓快速弹出下拉菜单

5.32 第 32 个技巧：按所选内容进行筛选

操作方法

步骤 1：这里按姓名筛选对应的数据，如下图所示。选中任意一个有数据的单元格，再选择"数据"选项卡中的"筛选"命令。

步骤 2：选中 A2 单元格。A2 单元格中的值是"曹丽"，也就是筛选关于"曹丽"的数据。单击鼠标右键，在弹出的快捷菜单中选择"筛选"－"按所选单元格的值筛选"命令，如左下图所示。

步骤 3：结果如右下图所示。

本技巧视频文件：05/第 32 个技巧：按所选内容进行筛选

5.33 第 33 个技巧：使用快捷键 Ctrl+D 复制上一个单元格中的内容

操作方法

这里要复制第 2 行单元格中的值，如下图所示。选中 A3 单元格，按快捷键 Ctrl+D 就会复制 A2 单元格中的值到 A3 单元格中。

当然，如果选中 C2 单元格，再按快捷键 Ctrl+R，就会复制 B2 单元格中的值"100"到 C2 单元格中。

本技巧视频文件：05/第 33 个技巧：使用快捷键 Ctrl+D 复制上一个单元格中的内容

第 5 章 Excel 常用技巧：提高数据处理效率

5.34 第 34 个技巧：在多个工作表中批量输入

操作方法

步骤 1：要在多个工作表中批量输入，就先选中第 1 个工作表，然后按住 Shift 键不放，再选中最后一个工作表。这样操作之后，就把所有的工作表都选中了。

步骤 2：然后在第 1 个工作表中输入内容。

步骤 3：输入完内容之后，选中任意一个工作表的标签，单击鼠标右键，在弹出的快捷菜单中选择"取消组合工作表"命令，这样就在每一个工作表中都输入相同的内容了。

▶ **本技巧视频文件**：05/第 34 个技巧：在多个工作表中批量输入

5.35 第 35 个技巧：设置单元格区域保护

操作方法

步骤 1：这里要为 C1:C5 单元格区域设置保护。选中全部的单元格（单击工作表左上角的按钮），如下图所示。

步骤 2：单击鼠标右键，在弹出的快捷菜单中选择"设置单元格格式"命令。在弹出的对话框中选择"保护"标签，然后取消勾选"锁定"复选框，如下图所示。

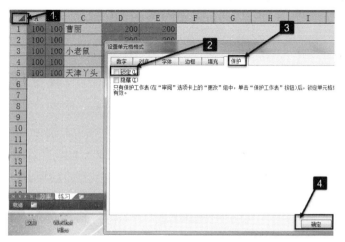

213

步骤 3：再选中单元格区域 C1:C5，单击鼠标右键，在弹出的快捷菜单中选择"设置单元格格式"命令。

步骤 4：在弹出的对话框中选择"保护"标签，勾选"锁定"复选框。

步骤 5：再选择"审阅"选项卡中的"保护工作表"选项，在打开的对话框的"取消工作表保护时使用的密码"文本框中输入密码 123。单击"确定"按钮，在弹出的对话框中再次输入密码，单击"确定"按钮，如下图所示。

经过上面的设置之后，C1:C5 单元格区域中的数据不能修改和删除，其他的单元格中的数据可以修改和删除。

本技巧视频文件：05/第 35 个技巧：设置单元格区域保护

5.36 第 36 个技巧：设置数值以"万"为单位

操作方法

步骤 1：这里设置 A1:A4 单元格区域中的值以"万"为单位显示。选中单元格区域 A1:A4，如左下图所示。单击鼠标右键，在弹出的快捷菜单中选择"设置单元格格式"命令。在打开的对话框中选择"数字"选项卡，再选择"自定义"选项，在"类型"文本框中输入"0!.0,万"，单击"确定"按钮，如中下图所示。

步骤 2：这里解释一下，"0!.0,万"中的感叹号表示强制显示小数点，逗号是千分位分隔符，这种设置的缺点就是只能是保留一位小数，且后面是 1 万时会显示为"1.0 万"，所以建议用函数=ROUND((B1/10000),2)，结果如右下图的 C1:C4 单元格区域所示。

▶ 本技巧视频文件：见第 36 个技巧：设置数值以"万"为单位

5.37 第 37 个技巧：如何让复制的表格列宽不变

操作方法

步骤 1：这里想要复制表 1 中的数据到表 2 中，并保持单元格列宽不变。选中要复制的表 1 中的单元格区域 A1:C1。

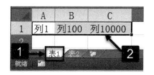

步骤 2：选中表 2 中的 A1 单元格，单击鼠标右键，在弹出的快捷菜单中选择"选择性粘贴"→"保持源列宽"选项，如下图所示，即可得到我们想要的结果。

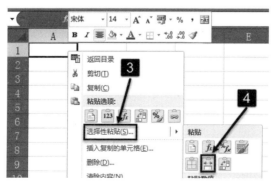

▶ 本技巧视频文件：05/第 37 个技巧：如何让复制的表格列宽不变

5.38 第 38 个技巧：快速打开"选择性粘贴"对话框

操作方法

步骤 1：选中要复制的单元格区域 A1:C5 并按快捷键 Ctrl+C 进行复制。

步骤 2：然后选择要粘贴内容的单元格 E1，按快捷键 Ctrl+Alt+V。在打开的对话框中选择"数值"单选框，然后单击"确定"按钮，如下图所示。这样即可在单元格 E1 中粘贴数值。

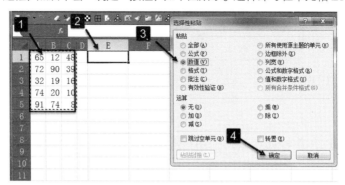

本技巧视频文件：05/第 38 个技巧：快速打开"选择性粘贴"对话框

5.39 第 39 个技巧：快速添加边框

操作方法

步骤 1：选择"开始"选项卡中的"字组"选项组，再单击边框下拉按钮。在打开的下拉列表中选择"所有边框"选项。单击鼠标右键，在弹出的快捷菜单中选择"添加到快速访问工具栏"命令，如下图所示。

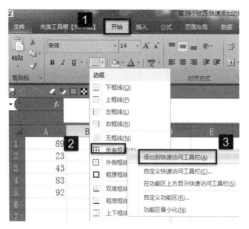

步骤 2：选中单元格区域 A1:C5，然后单击快速访问工具栏上的所有边框按钮，即可快速添加边框，如下图所示。

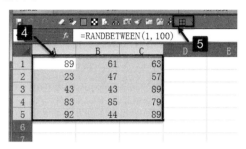

▶ 本技巧视频文件：05/第 39 个技巧：快速添加边框

5.40 第 40 个技巧：快速删除边框

操作方法

选中单元格区域，然后按快捷键 Ctrl+Shift＋-，即可删除单元格区域的边框。
注意，这个减号一定要是主键盘上的，不能是数字键盘上的。

▶ 本技巧视频文件：05/第 40 个技巧：快速删除边框